花卉园艺师职业技能培训教材

三级花卉园艺师培训教程

(高级技能)

国家林业局职业技能鉴定指导中心
中国花卉协会 组编

中国林业出版社

图书在版编目（CIP）数据

三级花卉园艺师培训教程：高级技能/国家林业局职业技能鉴定指导中心，中国花卉协会组编．－北京：中国林业出版社，2007.2（2017.3重印）
花卉园艺师职业技能培训教材
ISBN 978－7－5038－4605－2

Ⅰ．三… Ⅱ．①国…②中… Ⅲ．花卉－观赏园艺－技术培训－教材 Ⅳ．S68

中国版本图书馆 CIP 数据核字（2007）第 001255 号

出版：中国林业出版社出版（100009 北京西城区刘海胡同 7 号）
E-mail: Lucky70021@sina.com
电话：010—83143520
发行：新华书店北京发行所
印刷：北京昌平百善印刷厂
印次：2017 年 3 月第 1 版第 5 次印刷
开本：787mm×960mm 1/16
印张：12.75 插页：16
字数：280 千字
印数：3000 册
定价：28.00 元

前 言

我国花卉产业的快速发展，对从业人员的基本素质提出了更高的要求。对从业人员的职业资格认定和技能等级考核，是促进人才素质提高的国际通用做法。

2004年，在国家劳动和社会保障部的指导下，由国家林业局职业技能鉴定指导中心和中国花卉协会主持编写的《花卉园艺师国家职业标准》正式颁布施行。为配合本标准的施行，国家林业局职业技能鉴定指导中心和中国花卉协会组织编写了《花卉园艺师职业技能培训教材》，旨在为各地组织培训和鉴定考核提供参考。

本培训教材遵循《花卉园艺师国家职业标准》，贴近我国花卉产业发展的现状，考虑我国花卉产业的地域多样性，以能力为本位，兼顾知识的系统性，强化技能的实用性，力求为相关行业的从业者提供有效的帮助。

本培训教材按《花卉园艺师国家职业标准》规定的五个等级编写。每个等级中，基本包括基础知识、花卉生产设施建设及设备使用、花卉的分类与识别、花卉种子（种苗、种球）生产、花卉栽培管理、花卉应用与绿化施工等内容，分别以基础知识篇及第一至第五篇列出。其中一、二级中，删除了基础知识篇，增加了第六篇培训与指导。在不同级别之间，同一篇的内容既有逻辑上的联系，又有层次上的递进，即由五级至一级，内容逐渐加深。在同一级别内，各篇之间的内容既各成体系，又互相联系。各章附有学习目的、本章小结和复习与思考，以帮助读者学习。

本培训教材，共分五册。五级、四级、三级、二级、一级各一册。另外，为便于读者使用，另附彩色植物识别图谱，以便识别。

本培训教材由国家林业局职业技能鉴定指导中心和中国花卉协会组织编写。成海钟任主编，孔海燕任副主编，基础知识篇由孔海燕、朱旭东编写，第一篇由周玉珍、田松青编写，第二篇由潘文明、陈立人编写，第三篇由李瑞昌、吴亚芹编写，第四篇由唐行、姚连芳编写，第五篇由尤伟忠、周军编写，第六篇由成海钟、毛安元编写。编写提纲和初稿由王莲英、王殿富、陈建、蔡曾煜和舒大慧审稿，全书由成海钟统一审定。

本教材具有较强的实用性和可操作性。它不仅可以作为花卉行业职业资格认定和技能等级鉴定的主要教材，也可以作为职业教育"双证融通"的教学参考用书。

本教材初次按职业技能等级编写，涉及多学科和多工种，如有不当，敬请指正，以臻完善。

编　者
2007 年 1 月

目　录

前　言

基础知识

第一章　植物与植物生理 …………………………………………… (2)
　　第一节　植物细胞的结构与功能 ……………………………… (2)
　　第二节　植物的组织与器官 …………………………………… (4)
　　第三节　植物形态术语 ………………………………………… (6)
　　第四节　植物生育周期 ………………………………………… (13)
　　第五节　植物的地理分布 ……………………………………… (15)

第二章　花卉学知识 ………………………………………………… (17)
　　第一节　花卉的概念 …………………………………………… (17)
　　第二节　花卉的分类方法及其分类 …………………………… (18)
　　第三节　花卉的商品类别 ……………………………………… (20)

第三章　土壤、基质与肥料 ………………………………………… (24)
　　第一节　土壤的组成与土壤肥力 ……………………………… (24)
　　第二节　土壤的分类及其特性 ………………………………… (26)
　　第三节　常用基质材料的种类及性质 ………………………… (27)

第四章　植物保护 …………………………………………………… (30)
　　第一节　花卉病虫害种类及其识别 …………………………… (30)
　　第二节　花卉病虫害的发生及其控制 ………………………… (34)

第五章　相关政策与法规 …………………………………………… (38)
　　第一节　《中华人民共和国劳动法》相关知识 ……………… (38)
　　第二节　《中华人民共和国环境保护法》相关知识 ………… (39)
　　第三节　《中华人民共和国种子法》相关知识 ……………… (40)
　　第四节　《中华人民共和国森林法》相关知识 ……………… (41)
　　第五节　《中华人民共和国植物新品种保护条例》相关知识 …… (43)

  第六节 《中华人民共和国进出境动植物检疫法》相关知识……(44)
  第七节 WTO相关知识……………………………………………(45)
第六章 产品质量标准………………………………………………………(47)
  第一节 主要花卉产品等级………………………………………………(47)
  第二节 林木种子检验规程（GB2772－1999）…………………………(49)
  第三节 主要造林树种苗木质量分级（GB6000－1999）………………(49)
  第四节 育苗技术规程（GB6001－85）…………………………………(50)
  第五节 城市绿化管理条例………………………………………………(50)
第七章 安全生产……………………………………………………………(52)
  第一节 花卉栽培设施安全使用知识…………………………………(52)
  第二节 安全用电知识……………………………………………………(53)
  第三节 手动工具与机械设备的安全使用知识………………………(53)
  第四节 农药、肥料、化学药品的安全使用和保管知识……………(55)

三级花卉园艺师相关知识

第一篇 花卉生产设施建设及设备使用

第一章 花卉生产设备………………………………………………………(61)
  第一节 大型播种机（线）的结构与功能……………………………(61)
  第二节 常用测定仪器的种类及使用……………………………………(65)
第二章 绿化养护设备………………………………………………………(68)
  第一节 常用绿化养护机械设备的使用与维护………………………(68)
第三章 园林苗圃的建设与管理……………………………………………(71)
  第一节 园林苗圃的选址…………………………………………………(71)
  第二节 园林苗圃的区划…………………………………………………(72)

第二篇 花卉的分类与识别

第一章 花卉的分类…………………………………………………………(76)
  第一节 按花卉原产地气候型分类…………………………………………(76)
第二章 花卉的识别…………………………………………………………(79)

第一节　一、二年生花卉的识别 …………………………………… (79)

第二节　多年生草本花卉的识别 ………………………………… (84)

第三节　木本花卉的识别 ………………………………………… (104)

第四节　水生花卉的识别 ………………………………………… (112)

第三篇　花卉种子（种苗、种球）生产

第一章　容器育苗 …………………………………………………… (115)

第一节　容器育苗 ………………………………………………… (115)

第二节　工厂化容器育苗 ………………………………………… (118)

第二章　组培育苗 …………………………………………………… (121)

第一节　植物组培室及其消毒灭菌 ……………………………… (121)

第二节　培养基的选择与配制 …………………………………… (124)

第三节　接种与培养 ……………………………………………… (127)

第三章　花卉引种驯化 ……………………………………………… (131)

第一节　花卉引种与驯化 ………………………………………… (131)

第二节　田间试验 ………………………………………………… (137)

第四篇　花卉栽培与管理

第一章　花期控制 …………………………………………………… (142)

第一节　花期控制途径与控制技术 ……………………………… (142)

第二节　花期控制的综合措施 …………………………………… (146)

第二章　大树移植 …………………………………………………… (152)

第一节　大树移植准备 …………………………………………… (152)

第二节　大树移植方法 …………………………………………… (154)

第三节　大树移植后的养护 ……………………………………… (157)

第三章　花卉栽培肥水管理 ………………………………………… (159)

第一节　花卉需水、需肥规律 …………………………………… (159)

第二节　花卉的生长控制与肥水管理方法 ……………………… (164)

第四章　花卉病虫害防治 …………………………………………… (167)

第一节　花卉病虫害发生规律与特征 …………………………… (167)

第二节　主要花卉常见病虫害的诊断 …………………………… (170)

第三节　花卉病虫害综合防治原理与方法 …………………… (172)
　　第四节　主要花卉常见病虫害的综合防治 …………………… (175)

第五篇　花卉应用与绿化施工

第一章　大型花坛布置 ………………………………………… (180)
　　第一节　一般花坛设计 ………………………………………… (180)
　　第二节　大型花坛施工 ………………………………………… (183)

第二章　绿化施工 ………………………………………………… (186)
　　第一节　园林绿地植物配置原则 ……………………………… (186)
　　第二节　中、小型绿地植物配置技术 ………………………… (189)

主要参考文献 ……………………………………………………… (195)

基础知识

第一章

植物与植物生理

> **☞ 学习目标**
> 掌握植物的基本形态和术语,熟悉植物的生育周期和地理分布,了解植物细胞和组织的结构与功能。

第一节 植物细胞的结构与功能

一、植物细胞的定义

植物细胞是植物体结构和功能的基本单位。自然界所有的植物都是由细胞组成的。单细胞植物的个体只是一个细胞,植物的全部生命活动都是由这一细胞来完成;多细胞植物的个体是由许多细胞组成的,所有的细胞分工协作,密切联系,共同完成植物体的整个生命活动。植物的生长、发育和繁殖都是细胞不断进行生命活动的结果。

二、植物细胞的基本结构

一般生活的高等植物细胞是由细胞壁和原生质体两部分组成。细胞壁是包被原生质体的外壳,对原生质体有保护作用。细胞壁可分胞间层、初生壁和次生壁三层,但并非每个细胞都有三层壁。原生质体是细胞内有生命活动部分的总称，可分为细胞质和细胞核。细胞质的最外层是细胞膜，它是生物膜的一种。细胞膜内充满了不具结构特征的胞基质，其内分布着不同类型的细胞器，如线粒体、质体、内质网、高尔基体等。细胞核也在胞基质中，不过它比其他细胞器大得多，并已分化为核膜、核质和核仁。细胞核对细胞来说特别重要，是细胞生命活动的控制中心。原生质体在其生命活动中产生后含物。在后含物中，淀粉、脂肪和蛋白质是贮藏的重要营养物质（图基-1）。

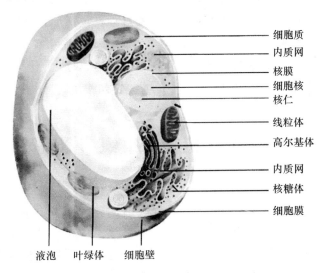

图基-1　植物细胞显微结构

三、植物细胞的繁殖

细胞繁殖主要以分裂方式进行，分裂方式有无丝分裂、有丝分裂和减数分裂三种。

无丝分裂也称直接分裂，在低等植物中普遍存在。无丝分裂的分裂过程简单、快速，没有纺锤丝出现，常见方式为横缢、出芽、碎裂等。

有丝分裂是细胞最普遍最常见的一种分裂方式，植物的营养器官如根、茎的伸长和增粗是靠这种分裂方式来增加细胞的。有丝分裂的分裂过程可分为间期、前期、中期、后期、末期五个时期。经过一次有丝分裂，一个母细胞分裂为两个子细胞，每个细胞的染色体数目与母细胞的相同。

减数分裂是一种特殊的细胞分裂方式,细胞连续分裂两次,而染色体只分裂一次,一个母细胞经减数分裂产生4个子细胞,每个子细胞的染色体数目只有原来母细胞的一半。被子植物中花粉母细胞和胚囊母细胞的分裂方式为减数分裂。减数分裂导致产生单倍体的精子和卵细胞。

四、植物细胞的生长、分化和全能性

细胞的生长表现为体积和重量的增加,细胞的分化是指多细胞有机体内的细胞在结构和功能上变成彼此互异的过程,包括形态结构和生理生化上的分化。植物的大多数活细胞,在适当条件下都能由单个细胞经分裂、生长、分化形成一个完整植株,这种现象或能力,称之为植物细胞的全能性。全能性在生产实践和组织培养中具有一定的作用。

第二节 植物的组织与器官

一、植物的组织

高等植物为了适应环境,其体内分化出许多根据生理功能不同,形态结构相应发生变化的细胞组合。这些形态结构相似,担负一定生理功能的细胞组合,称为组织。这些组织之间有机配合,紧密联系,形成各种器官。

植物组织依其生理功能和形态结构的分化特点,可分为分生组织和成熟组织两大类。位于植物的生长部位,具有持续或周期性分裂能力的细胞群,称为分生组织。分生组织的细胞排列紧密,细胞壁薄,细胞核相对较大,细胞质浓,细胞器丰富。根据分生组织在植物体内的位置不同,可将分生组织分为顶端分生组织、侧分生组织和居间分生组织三类。分生组织分裂产生的细胞,经生长、分化后,逐渐丧失分裂能力,形成各种具有特定形态结构和生理功能的组织,这些组织称为成熟组织。根据生理功能的不同,成熟组织可再分为保护组织、薄壁组织、机械组织和输导组织(图基-2)。

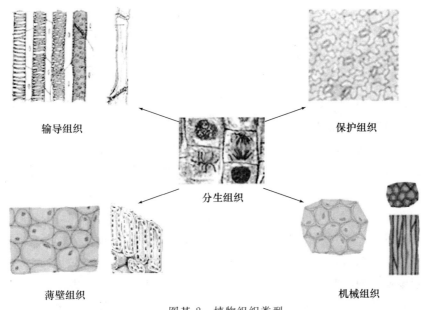

图基-2 植物组织类型

一些高等植物体内由初生韧皮部和初生木质部及其周围紧接着的机械组织所构成的束，称为维管束。维管束贯穿在各器官中，形成一个复杂的维管束系统，具有输导和支持等作用。

二、植物的器官

所谓植物器官，就是由多种组织构成的、能行使一定功能的结构单位。一株绿色开花植物，是由根、茎、叶、花、果实和种子六种器官构成的。根、茎、叶与植物体的营养有关，叫做营养器官；花、果实、种子与植物体的繁殖有关，叫做繁殖器官。

根是植物体的地下营养器官，它的主要功能是使植物固定在土壤中，并从土壤中吸收水分和无机盐，合成植物生长所需激素和多种氨基酸，再输送到地上部供生长需要。

植物的茎是由机械组织、输导组织等构成的，其主要功能是支持和输导。茎支持叶、花、果实，使叶片接受充分的阳光，有利于光合作用和蒸腾作用；使花在枝条上更好地开放，以利于传粉和果实、种子的传播；担负着植物体的输导作用，将根系吸收的水分、无机盐以及根合成或贮藏的营养物质输送到枝、叶和其他部分，把叶同化的有机物输送到根和其他部分。

叶是高等植物重要的营养器官，生长在茎的节部。完整叶由叶片、叶柄和托叶三部分组成。叶片扁平、绿色，它的主要生理功能是光合作用、蒸腾作用和气体交换。

有些植物的根、茎、叶还具有贮藏营养物质和繁殖的作用，广泛应用于园艺植物的营养繁殖。

种子植物在营养生长的基础上，在适宜的环境条件下，转入生殖生长，即在一定的部位上形成花芽，然后开花、传粉、受精，最后结果实，果实内包藏着种子。

花是种子植物为适应生殖功能而节间极度缩短的一种变态的枝条。一朵典型的被子植物的花是由花托、花萼、花冠、雄蕊、雌蕊五部分组成的。被子植物受精后，花的各部分发生很大的变化。花萼、花冠一般脱落，雄蕊也萎谢，而雌蕊中的子房开始增大形成果实，胚珠则发育为种子。

在植物学上把单纯由子房发育成的果实，称为真果，如桃、紫荆等；有些植物除了子房外还由花托、花萼、花冠等甚至整个花序共同发育形成的果实，称为假果，如苹果、桑葚等。真果的结构比较简单，外为果皮，内含种子。

种子包括胚、胚乳和种皮三部分。胚是种子最重要的部分，是包在种子内的幼小植物体，它由胚芽、胚根、胚轴和子叶四部分组成。种子在获得适当的水分、适宜的温度和充足的氧气以后，胚由休眠进入萌发，胚根向下生长形成根，胚芽向上生长伸出土面形成茎和叶。这种由种子的胚生长成具有根、茎、叶的幼小植物叫幼苗。

第三节　植物形态术语

一、根的形态术语

1. 直根

有垂直向下生长的主根。主根由胚根发育而来，因其着生于茎干基部，有固定生长部位，故又名定根。主根通常较发达，有分枝。主根的分枝为侧根，由主根和侧根所组成的整个根系，称为直根系。整个根系常呈长圆锥状。

2. 须根

无垂直向下生长的主根，或有主根但极不发达或在早期萎缩，代之而起的是着生茎干基部的不定根。这些不定根所组成的根系为须根系。

3. 贮藏根

外观肥大、肉质的地下根，内部常具有大量贮藏营养物质的薄壁组织，贮藏物用于植株休眠后生长发育之用。其中萝卜、胡萝卜、甜菜为肉质直根；甘薯、大理花为块根。

4. 支持根

自地上茎干基部长出而着生于地下，有支撑植物体直立的作用，如榕树等。

5. 攀援根

发生于地上茎干上的不定根，根的先端常有吸盘以维持植物攀援上升，如常春藤等。

6. 气生根

自地上茎干上长出、或发自茎干基部而悬垂于空气之中，以吸收和贮存水分，有些植物的气生根的表面还有菌丝层。如文竹、石斛等。

二、茎的形态术语

1. 芽

未萌发的枝或花和花序的原始体。位于茎顶端的为顶芽，位于旁侧叶腋的为侧芽或腋芽，统称为定芽。不定芽没有固定的发生部位，它既可以于根上产生（如甘薯），也可以从叶上产生（如落地生根）。

2. 木质茎

木质部发达的茎。具有此种茎的植物称为木本植物，其中高大、主干明显、下部少分枝的为乔木（如厚朴），矮小、主干不明显、下部多分枝的为灌木（如小檗），又长又大、柔韧、上升必需依附他物的则为木质藤本（如木通）。

3. 草质茎

木质部不甚发达的茎。具有此种茎的植物称为草本植物，其中在一年内完成生长发育过程的为一年生草本（如鸡冠花），至第二年才能完成生长发育过程的为二年生草本（如瓜叶菊），至三年以上仍能长期生存的则为多年生草本（如薄荷），茎细长柔软、上升必需依附他物的则为草质藤本（如牵牛）。

4. 直立茎

直立着生，不依附他物的茎（如银杏）。

5. 攀缘茎

需要依附他物才能上升的茎。其依附他物的部分有由根变态而成的吸盘（如常春藤），有由茎或叶变态而成的卷须（如豌豆）。

6. 缠绕茎

依靠茎本身缠绕上升的茎。缠绕茎又分左缠绕茎与右缠绕茎两种。

7. 匍匐茎

水平着生或匍匐于地面，节上同时有不定根长入地下的茎（如草莓）。

8. 根状茎

茎部肉质肥大呈根状，横长，茎节明显而节间较长，茎上叶片通常相对较小而呈鳞片状（如美人蕉、花毛茛、黄精等）。

9. 球茎

茎部肉质肥大呈球状，茎节与节间明显，茎上叶片亦常退化呈鳞片状（如唐菖蒲、小苍兰、番红花、荸荠等）。

10. 块茎

茎部肉质肥大，呈不规则块状，茎节、节间、叶、芽皆不甚明显，仅于表面凹陷处有退化茎节所形成的芽眼及着生其中的芽（如马铃薯、仙客来、彩叶芋、马蹄莲、大岩桐等）。

11. 鳞茎

茎部而退化较小，称为鳞茎盘，而叶部则较发达，位于内层、肉质肥大的称为肉质鳞叶（又称鳞片），位于外层、质薄干枯的称为膜质鳞叶。仅由肉质鳞叶组成的鳞茎称为无皮鳞茎（如百合）。内有肉质鳞叶，外有膜质鳞叶组成的鳞茎称为有皮鳞茎（如郁金香、风信子等）。

12. 卷须茎

通常呈卷须状，细长、柔软、卷曲而常有分枝，具有支持植物攀援的作用（如葡萄、五色地锦等）。

13. 刺状茎

通常呈刺状、粗短、坚硬、无分枝或有分枝，位于叶腋处（如小檗、火棘、皂荚等）。

14. 叶状茎

通常呈叶状，扁平、色绿，但其着生部位却在叶腋，其叶腋外侧的叶片往往较退化（如天门冬）。

15. 肉质茎

通常肉质肥大，呈片块状、圆球状、圆柱状或棱柱状，叶片常部分或全部退化成针刺状（如仙人掌），仅个别种类具有完全正常的叶片。

三、叶的形态术语

1. 叶形

叶片的全形或基本轮廓。常见的有：倒宽卵形、圆形、宽卵形、倒卵形、椭圆形、卵形、倒披针形、长椭圆形、披针形、线形、剑形、三角形、戟形、箭形、心形、肾形、菱形、匙形、镰形、偏斜形等。

2. 叶端

叶片的上端。常见的有：芒尖、骤尖、尾尖、渐尖、锐尖、凸尖、钝形、截形、微凹、倒心形等。

3. 叶基

叶片的基部。常见的有：楔形、渐狭、圆钝、截形、箭形、耳形、戟形、心形等。

4. 叶缘

叶片的周边。常见的有：全缘、睫状、齿缘、细锯齿、锯齿、钝锯齿、重锯齿、曲波、凸波、凹波等。

5. 叶脉

叶片维管束所在处的脉纹。常见的有：掌状网脉、羽状网脉、横出脉、射出脉、弧状脉、直出平行脉。

6. 叶裂

叶片在演化过程中，有发生凹缺的现象。常见的缺裂有：掌状浅裂、掌状深裂、掌状全裂、羽状浅裂、羽状深裂、羽状全裂。

7. 单叶

一个叶柄上只着生一个叶片的叶。

8. 复叶

一个叶柄上着生多个叶片的叶。复叶的种类很多，常见的有：三出复叶（重阳木、红车轴草）、掌状复叶（七叶树）、羽状复叶（绣线菊）、单身复叶（佛手）。

9. 叶序

叶在茎或枝上着生排列方式及规律。常见的有：互生、对生、轮生、簇生、丛生。

10. 鳞叶

指鳞茎上具贮藏作用的肉质鳞叶和球茎、块茎及根状茎上退化的膜质鳞叶。

11. 刺状叶

整个叶片变态为刺状的叶（如仙人掌）。

12. 苞叶

仅有叶片，着生于花轴、花柄、或花托下部的叶。通常着生于花序轴上的苞叶称为总苞叶（红掌），着生于花柄或花托下部的苞叶称为小苞叶或苞片（如柴胡）。

13. 卷须叶

叶片先端或部分小叶变成卷须状的叶（如野豌豆）。

14. 捕虫叶

叶片形成掌状或瓶状等捕虫结构，有感应性，遇昆虫触动，能自动闭合，表面有大量能分泌消化液的腺毛或腺体（如猪笼草）。

四、花的形态术语

1. 花梗

又称为花柄，为花的支持部分，自茎或花轴长出，上端与花托相连。

2. 花托

为花梗上端着生花萼、花冠、雄蕊、雌蕊的膨大部分。其下面着生的叶片称为副萼。花托常有凸起、扁平、凹陷等形状。

3. 花被

包括花萼与花冠。

4. 花萼

为花朵最外层着生的片状物，通常绿色。每个片状物称为萼片，分离或联合。

5. 花冠

为紧靠花萼内侧着生的片状物。每个片状物称为花瓣。花冠有离瓣花冠与合瓣花冠之分。

6. 离瓣花冠

即花瓣彼此分离的花冠。从形状上划分有蝶形花冠、蔷薇形花冠、十字形花冠。

7. 合瓣花冠

即花瓣彼此联合的花冠。常见的有钟状花冠、漏斗状花冠、唇形花冠、管状花冠、舌状花冠。

8. 雄蕊

位于花冠的内侧，是花的重要组成部分之一，由花药和花丝两部分组成，有离生雄蕊和合生雄蕊之分。

9. 离生雄蕊

花中全部雄蕊各自分离，典型的有分生雄蕊、四强雄蕊、二强雄蕊。

10. 合生雄蕊

花中各雄蕊形成不同程度的连合，重要的有多体雄蕊、二体雄蕊、单体雄蕊、聚药雄蕊。

11. 雌蕊

位于花的中央，是花的另一个重要组成部分，由柱头、花柱和子房三部分组成。雌蕊可为单雌蕊、离生单雌蕊和复雌蕊。

12. 子房

雌蕊基部膨大的部分。根据子房在花托上着生的位置和与花托连合的情况，可为上位子房、中位子房和下位子房。

13. 胚珠

子房中将来发育成种子的部分。主要类型有直生胚珠、横生胚珠、弯生胚珠、倒生胚珠。

14. 胎座

胚珠着生的地方。主要类型有边缘胎座、侧膜胎座、中轴胎座、特立中央胎座、顶生胎座和基生胎座。

15. 完全花

即各组成部分齐全的花。不完全花：即缺乏其中某一或数个组成部分的花。

16. 两性花

即同时具雌蕊与雄蕊的花。单性花：只具雌或雄蕊的花。无性花：不具雌蕊及雄蕊的花。

17. 无限花序

为花序主轴顶端能不断生长，花开放的顺序，是由下向上或由周围向中央，最先开放的花是在花序的下方或边缘。这类花序包括总状花序、伞房花序、复总状花序、穗状花序、葇荑花序、肉穗花序、复穗状花序、伞形花序、复伞形花序、头状花序、隐头花序。

18. 有限花序

为花序主轴顶端先开一花，因此主轴的生长受到限制，而由侧轴继续生长，但侧轴上也是顶花先开放，故其开花的顺序为由上而下或由内向外。这类花序包括镰状聚伞花序、蝎尾状聚伞花序、二歧聚伞花序和多歧聚伞花序。

五、果实的形态术语

1. 聚花果（复合果、复果）

即由花序受精形成的果实。

2. 聚合果（聚心皮果）

即由子房上位，具多个离生雌蕊的单花受精形成的果实。

3. 单果

即由具一个雌蕊的单花受精后所形成的果实，其下又分果皮肉质多浆的肉果与果皮干燥的干果，干果中又有成熟后开裂的裂果与成熟后不开裂的闭果。常见的肉果有浆果、瓠果、梨果、核果、柑果等，常见的裂果有蒴果、角果、荚果、蓇葖果等，常见的闭果有坚果、瘦果、翅果、悬果、颖果等。

六、种子的形态术语

1. 双子叶有胚乳种子

即种胚有2片子叶，且有胚乳的种子。

2. 单子叶有胚乳种子

即种胚有1片子叶,且有胚乳的种子。

3. 双子叶无胚乳种子

即种胚有2片子叶,但无胚乳的种子。

4. 单子叶无胚乳种子

即种胚有1片子叶,但无胚乳的种子。

第四节　植物生育周期

一、植物生育周期的概念

每一种植物都有其生长、发育、衰老、死亡的过程,这一过程称为植物的一生,也称为生育周期或生命周期,简称生育期。植物的整个生育期,可划分为不同的生育时期或生长发育阶段。一年中,根据植物的生长发育状况往往可分为生长期和休眠期。生长期是指植物各器官表现出显著的形态和生理功能动态变化的时期。休眠期指种子、芽、根等器官生命活动微弱,生长发育停滞的时期。

二、多年生木本植物的生育周期

多年生木本植物的生育周期又称年龄周期,往往以年来表示。一年内,随气候变化,表现出一定规律性的生命活动过程,称为年生长周期。每个生命周期包含许多个年生长周期,这是多年生栽培植物不同于一、二年生植物的显著特征。进行有性繁殖和无性繁殖的木本植物,其生命周期有本质差别,落叶和常绿木本植物的年生长周期也明显不同。

1. 有性繁殖的木本植物

有性繁殖的木本植物生命周期是指由胚珠受精产生的种子从播种萌发到死亡的时间,包括童期、成年期和衰老期。童期也称为幼年期,指种子萌发到实生苗具有分化花芽潜力和开花结实能力的时间。在此阶段,采取任何措施都不能使植物开花结果。对于观赏茎叶的植物,人们希望此期长些。成年期指从具有开花结果能力到开始出现衰老特征的时间。该期到来的早晚和长短，对以花、果为观赏价值的植物具有重要意义。衰老期指生长势明显衰退到死亡为止。

2. 无性繁殖的木本植物

无性繁殖的木本植物往往是利用营养器官的再生能力培育的植株。因为从母株上采集的繁殖材料（芽、茎、叶、根等）已经具有开花结果能力或不需要再从种子萌发开始，所以其生命周期是从新植株定植成活到死亡的时间。但无性繁殖的木本植物前期往往只进行营养生长，不开花结果或很少开花结果，故其生命周期又分为营养生长期、结果期（或成年期）和衰老期。对于观赏茎叶的植物而言，营养生长期就是观赏期。对于以花、果为观赏主体的植物而言，则希望缩短营养生长期，延长开花结实期。

3. 年生长周期

栽培的木本植物有落叶树木和常绿树木两类。落叶树木有明显的生长期和休眠期，常绿树木的年生长周期中没有明显的休眠期。落叶树木的年生长周期可划分为萌芽期、开花期、新梢生长期、花芽分化期、果实发育期、落叶期和休眠期。根据地上部和地下部器官的生长发育状况，落叶树木的根系可划分为开始活动期、生长高峰期、生长缓慢期和停止生长期；地上部营养器官可分为芽膨大期、萌芽期、新梢生长期和落叶期。地上部生殖器官可分为开花期、果实发育期、花芽分化形成期和果实成熟期。常绿树木地下部根系可划分为开始活动期、生长高峰期和生长缓慢期；地上部营养器官可分为春梢生长期、老叶脱落期、夏梢生长期、秋梢生长期、缓慢生长期、冬梢生长期和芽分化形成期，地上部生殖器官可分为花芽和花序发育期、开花期、坐果期、生理落果期、果实成熟期和花芽分化形成期。

三、一年生或两年生植物的生育周期

对于以生殖器官为产品的一年生或两年生花卉，其生育期指从播种到观赏结束的时间，往往以月数和天数来表示。根据植物一生中外部形态出现的显著变化，又可划分为若干个生育时期，如发芽期、苗期、开花期、结果（实）期、成熟期等。又因栽培植物种类、栽培方式和栽培目的的不同，具体生育时期的划分也不同。如育苗移栽的植物可分为育苗期、大田生长期。对于以营养体为产品的植物，如观叶（茎）植物，生育期是指从出苗到产品适宜收获期的总天数。

第五节　植物的地理分布

植物在其生长发育过程中，一方面依靠自然环境提供生长发育、繁衍后代所需的物质与能量，即生物受自然环境的制约；另一方面，它们也不断地影响和改变环境。生物与环境之间的这种相互依存、相互制约和相互影响的关系，称为生态关系。

一、地貌因素

地形、地貌对植物虽不发生直接影响，但能制约光照、温度、水分等自然因素，所以对植物的生存仍起着决定性作用。地形的变化可引起气候及其他因子的变化，从而影响植物的种类与分布。例如，不同海拔高度分布的植物种类不同，不同方向和不同坡度的山坡分布的植物种类也不相同。阳坡生长着喜暖、喜光的种类，阴坡生长着喜阴喜凉的植物。坡度过大，乔木类植物难于生长，只有矮小的灌木和草本植物种类才能适应和生存。

二、气候因素

包括水分、温度、光照等生态因子。

水分是植物生存、发展的必要条件，植物的一切生理活动都离不开水分。沿海地区因受海洋季风影响而气候湿润，中国东部地区属于此类；而离海洋较远的中国西北部内陆地区则形成大陆性干旱气候。以水为主导因子可将植物分为水生植物、湿生植物、中生植物和旱生植物。水生植物（如莲、香蒲等）全部或根部必须生活在水中，遇干燥则枯死；湿生植物通常指生长于潮湿环境中的种类，如芦苇、马蹄莲等；中生植物指生长于水分条件适中的陆地环境中的种类，它们分布广，数量多，常见室内观赏植物多属此类；旱生植物，指生长在水分少的干旱条件下的种类，如仙人掌、卷柏等，一般植株矮小，叶片不大，角质层厚或叶片变态成刺状。

植物的生理活动和生化反应必须在一定的温度条件下才能进行，而空间和时间的变化又决定着温度的变化。空间变化指纬度不同，距海远近不同，海拔高度不同等。纬度低的地区，太阳辐射能量大，温度就高；纬度高的地区，太阳辐射能量小，温度就低。热带植物多为阔叶常绿树种和巨大藤本，而寒温带植物则多为针叶林树种和生长期短的草本植物。

光能提供植物生命活动的能源，提高光能利用率是提高植物产量的重要途径。光能对植物的生态习性和分布有着重要影响，在不同光照强度下，植物分别形成了阳性、阴性和耐阴性三种类型。阳性植物指在强光照条件下生长发育健壮的植物，多分布于旷野、向阳坡地等，如山地分布的雪莲花、蒲公英，荒漠草原分布的麻黄、甘草等；阴性植物是在微弱光照条件下生长发育健壮的种类，如分布于林下阴坡的玉簪、天南星等；耐阴性植物的习性介于阳性植物和阴性植物之间，既能在向阳山地生长，也可在较荫蔽的地方生长，如侧柏、桔梗等。

三、土壤因素

土壤是植物固着的基本条件，又是供应水分和营养成分的源泉，与植物的生长发育有着极为密切的关系。不同的土壤，分布着不同的植物。东北、华北、西北地区的钙质土上生长的种类有甘草、枸杞等；南方酸性土壤中生长的种类有桃金娘、栀子等；分布于石灰岩山地的种类有南天竹等；分布于盐碱地上的种类有柽柳、地肤、丝石竹等。

本 章 小 结

植物与植物生理是农业生产的基础。本章从植物细胞、组织、器官三个层面阐述了植物的基本结构和组成，划分了观赏植物的生育周期类型，分析了植物地理分布的生态因子。

复习与思考

1. 运用植物学的形态术语，描述你熟悉的1～2种花卉的外部形态特征。
2. 举例说明观赏植物的生育周期类型。
3. 分析当地野生植物与生态环境之间的关系。

第二章

花卉学知识

> **学习目标**
>
> 掌握花卉的概念、分类和商品类别。

第一节 花卉的概念

通俗地讲，"花"是植物的繁殖器官，是指姿态优美、色彩鲜艳、气味香馥的观赏植物，"卉"是草的总称。习惯上往往把具有观赏价值的灌木和可以盆栽的小乔木也包括在内，统称为"花卉"。

严格地说，花卉有广义和狭义两种范畴。狭义的花卉是指有观赏价值的草本植物。如凤仙、菊花、一串红、鸡冠花等；广义的花卉除有观赏价值的草本植物外，还包括草本或木本的地被植物、花灌木、开花乔木以及盆景等，如麦冬类、景天类、丛生福禄考等地被植物；梅花、桃花、月季、山茶等乔木及花灌木等等。另外，分布于南方地区的高大乔木和灌木，移至北方寒冷地区，作温室盆栽观赏，如白兰、印度橡皮树，以及棕榈植物等，也被列入广义花卉之内。

第二节　花卉的分类方法及其分类

花卉种类繁多，分布很广，为了方便引种与栽培，人们进行了各种各样的分类。比如依植物学系统分类，能帮助人们了解各种花卉的亲缘关系；依自然分布分类，能帮助人们了解各种花卉的生态习性。总之，了解花卉的分类方法，对花卉的栽培与经营十分重要。

一、植物学系统分类

这是植物学家在全世界范围内统一分类的一种方法。此法以花卉植物学上的形态特征为主依据，按照门、纲、目、科、属、种等主要分类单位来分类，并给予拉丁文学名。

这种分类方法可以使我们清楚各种花卉彼此间在形态上或系统发育上的联系或亲缘关系，生物学特性的异同等，是采用栽培技术、决定轮作方式、进行病虫防治以及育种的重要依据。但由于原产地不同，即使同科同属甚至同种花卉，形态与生物学特性相差甚大。因此这种分类不是完美的，还需要其他分法予以补充。

二、根据生物学习性分类

1. 一年生花卉

如百日草、鸡冠花、千日红、凤仙花、波斯菊等。

2. 二年生花卉

如三色堇、石竹、桂竹香、瓜叶菊、报春花等。

3. 球根花卉

如水仙、百合、郁金香、风信子、小苍兰、番红花、君子兰、百子莲等。

4. 宿根花卉

如芍药、菊、香石竹、荷兰菊、蜀葵、文竹等。

5. 多浆及仙人掌类

如仙人掌、令箭荷花、芦荟、落地生根、玉树等。

6. 水生花卉

如荷花、睡莲等。

7. 兰科花卉

如春兰、建兰、墨兰、蝴蝶兰、大花蕙兰等。

8. 灌木类

如月季、迎春、杜鹃、山茶、黄杨、茉莉等。

9. 乔木类

如梅花、海棠、樱花、广玉兰、桂花、雪松、圆柏等。

三、依自然分布分类

1. 热带花卉

如气生兰、龟背竹、海芋、红桑、龙吐珠、旱金莲、一品红、变叶木等。

2. 亚热带花卉

如山茶、米兰、白兰花等。

3. 温带花卉

包括原产中国中部至南部，欧洲西部及中海沿岸的多数花卉，如三色堇、一串红、报春花、唐菖蒲、郁金香、小仓兰、杜鹃、桂花等。

4. 寒带花卉

如榆叶梅、芍药、飞燕草、百合、牡丹、丁香等。

5. 高山花卉

如乌头、白头翁、峨嵋杜鹃、仙客来等。

6. 岩生花卉

如景天类，虎耳草，蕨类，苔藓等。

7. 沙生花卉

如仙人掌、生石花、芦荟等。

四、依观赏部位分类

1. 观花类

如荷、菊、百合、山茶、杜鹃等。

2. 观果类

如金柑、石榴、观赏辣椒、冬珊瑚、紫珠等。

3. 观茎类

如仙人掌、光棍树、山影掌、卫矛、木瓜等。

4. 观叶类

如竹芋、变叶木、彩叶草、文竹、蕨类等。

5. 芳香类

如米兰、茉莉、桂花、含笑、栀子花等。

五、依开花季节分类

1. 春花类

如杜鹃、茶花、玉兰、樱花、风信子、郁金香、荷色牡丹等。

2. 夏花类

如凤仙、茉莉、美人蕉、蜀葵、米兰、荷花、夹竹桃、姜花、石竹、半支莲、三色堇、花菱草、玉兰、麦秆菊、矮牵牛、一串红、风铃草、芍药、飞燕草、紫罗兰等。

3. 秋花类

如菊花、鸡冠花、桂花、白兰、米兰、九里香、含笑、千日红、凤仙、翠菊、长春花、紫茉莉等。

4. 冬花类

如蜡梅、梅、水仙、墨兰、茶花、一品红、龙吐珠、蟹爪兰、三角花等。

第三节　花卉的商品类别

一、种子、种苗和种球

种子是种子植物有性繁殖的器官，由花中的胚珠发育而来。大多数花卉，尤其是一、二年生草本花卉，如一串红、瓜叶菊、羽衣甘蓝、姜女樱、福禄考等，主要采用种子播种繁殖。由种子培育出的幼苗叫实生苗，它可以在短期内大量生产。种子的包装、储藏和运输比营养体要方便得多，由其培育出的植株具有长势旺盛、园艺性状强等优点，其中杂交种子往往表现得更为突出。所以种子在商业中广泛进行交易。

种苗不仅指由种子培育出的实生苗，还包括由扦插繁殖的扦插苗、嫁接繁殖的嫁接苗、组织培养繁殖的组培苗等营养苗。随着花卉繁殖技术的不断提高，种苗的规模化生产越来越发达，种苗也成为生产中必不可少的材料。

种球是指球根花卉地下部分的茎或根变态、膨大并贮藏大量养分的无性繁殖器官，如朱顶红、郁金香、风信子、百合等的鳞茎，唐菖蒲的球茎，美人蕉的根状茎，仙客来的块茎和大丽花的块根等。种球能很好保持园艺性状，栽培容易，管理简便，种质交流便利，适合园林种植，也是商品切花和盆花生产的良好材料。

二、盆 花

盆花是指以盆栽为主要栽培形式，以摆放装饰为主要目的各类容器栽培花卉的总称。盆花通常是在特定条件下栽培，达到适于观赏的阶段时移到被装饰的场所进行摆放，在失去最佳观赏效果或完成任务后就可移走，只作为短期的装饰。盆花的种类多，可供选择的范围较宽，不受地域适应性的限制，也可利用特殊栽培技术进行促成或抑制栽培。绝大多数一二年生草花、球根花卉、宿根花卉等可以用于盆栽，灌木和株形较小的乔木也常用于盆栽应用。

三、鲜切花

鲜切花是自活体植株上剪切下来专供插花及花艺设计用的枝、叶、花、果的统称，可分为切花、切叶、切枝和切果等。切花是各种剪切下来以观花为主的花朵、花序或花枝，如月季、非洲菊、百合、唐菖蒲、鹤望兰、六出花等。切叶是各种剪切下来的绿色或彩色的叶片及枝条，如龟背竹、绿萝、绣球松、针葵、肾蕨、变叶木等。切枝是各种剪切下来具有观赏价值的着花或具彩色的木本枝条，如银芽柳、连翘、海棠、牡丹、梨花、雪柳、绣线菊、红瑞木等。切果是各种剪切下来的具有观赏价值的带枝果实或果实，如佛手、乳茄、火棘等。鲜切花装饰的形式很多，常见的有瓶插、花束、花环、花圈、花篮、捧花、胸花等。

四、干 花

干花是鲜花经过自然干燥或人工处理后制成的工艺装饰品。自然界一些植物的花朵，其花瓣含水量较低，当花瓣在植物体上形成后，就开始呈现出干花的特征来，富有蜡质和纸质感，经一定处理后，可以长期保持其美丽的花色及花型。干花极富现代的抽象装饰美，常被作为鲜花的代用品，用在各种类型的工艺装饰品上。

1. 自然干燥类干花

这类干花也称天然干花，即选择某些种类的鲜花，经自然干燥定型后便可制成色彩缤纷的天然干花。适宜做天然干花的花卉品种主要有麦秆菊和补血草类等草本植物。

2. 人工处理类干花

由于受植物体自身组织构造的制约，自然界中能直接制作天然干花的品种毕竟有限，为获得更多的美丽的干花，利用甘油、硼砂、硅胶等化学物质对鲜花进行人工脱水干燥，也可制成千姿百态的各种干花。采用这种方法可使干花品种大增，但不足的是，所制成的干花一般都较脆弱，很容易碎裂。常见的用该法处理的干花有：山茶、绣球花、三色堇、千日红、月季、萱草、迎春花、满天星、香石竹、葵花等。

五、仿真花

仿真花是一种用各种塑胶、布料等人工材料制作的纯手工工艺品。高级仿真花采用仿真花泥制作花卉、盆景、水果等，产品形象鲜活逼真、色彩鲜艳亮丽，让人难辩真假、具有较高的装饰价值。这种工艺品的柔韧性和可塑性是其他材料无法比拟的，保存期可达5～10年。

六、盆 景

盆景是在我国盆栽、石玩等基础上发展起来的，以树、石为基本材料，在盆内表现自然景观和意境的艺术品。盆景可分为树桩盆景、水石盆景、树石盆景、竹草盆景、微型组合盆景和异型盆景六大类。盆景被誉为"无声的诗，立体的画"，深受人们的喜爱，我国盆景以表现形神兼备、情景交融的艺术效果为最佳作品。盆景不仅可用来装饰办公室、家庭，也可装饰公园、宾馆、礼堂等各种公共场所。

七、草　坪

草坪，就是平坦的草地。园林上是指人工栽培的矮性草本植物，经一定的养护管理所形成的块状或片状密集似毡的园林植物景观。草坪有时又被称之为"草皮"、"草地"、"草坪地被"等。草坪植物是草坪的主体。草坪植物主要是一些适应性较强的矮性禾本科植物，且大多数为多年生植物，如结缕草、狗牙根、野牛草、多年生黑麦草、高羊茅、翦股颖等，也有少数一二年生植物，如一年生早熟禾、一年生黑麦草等。草坪植物除禾草外，也有一些其他科、属的矮性草类，如莎草科的苔草、旋花科的马蹄金和豆科的白三叶等。草坪植物按季相特征或温度习性不同分为冷季型草坪植物和暖季型草坪植物。草坪在美化生活，保护环境等方面具有重要的作用。

本章小结

花卉学是花卉园艺师的必备知识。花卉的概念有广义和狭义之分。花卉的种类繁多，根据不同的分类方法有着不同的分类类型。本章着重介绍了常见的花卉商品类别。

复习与思考

1. 什么叫花卉？
2. 根据生物学习性花卉分哪些种类？
3. 根据自然分布花卉分哪些种类？
4. 根据观赏部位花卉分哪些种类？
5. 根据开花季节花卉分哪些种类？
6. 有哪些常见的花卉商品类别？

第三章

土壤、基质与肥料

> **☞ 学习目标**
>
> 熟悉土壤的组成与土壤肥力，了解土壤的分类及其特性，掌握常用基质材料和肥料的种类及性质。

第一节 土壤的组成与土壤肥力

一、土壤的基本物质组成

土壤是地球陆地上能够生产植物收获物的疏松表层，是由固相（包括矿物质、有机质和活的生物体）、液相和气相物质组成的疏松多孔体。其基本物质组成如下：

$$
\text{土壤}\begin{cases}\text{固体颗粒}\begin{cases}\text{矿特质颗粒}\begin{cases}\text{原生矿物}\\\text{次生矿物}\end{cases}\\\text{有机质——生物残体及其腐解物质、腐殖质}\\\text{生物}\end{cases}\\\text{粒间孔隙}\begin{cases}\text{气体——土壤空气}\\\text{液体——土壤水分}\end{cases}\end{cases}
$$

土壤固相物质包括有机物质和无机物质。无机物质占绝大部分，主要是岩石风化而成的粗细不同的矿质颗粒及矿质养分，它是组成土壤的"骨架"。此外，还有数量不多，但作用很大的有机质，包括动植物残体、微生物活体和经微生物作用后重新形成的腐殖质，它是土壤的"肌肉"，肥力的精华。土壤腐殖质的黏粒紧密结合在一起，形成吸收性复合体，其表面吸附很多可为植物直接吸收利用的营养物质。在固相物质之间有许多大小不同的孔隙，孔隙内充满着水分和空气。土壤水分实际上是溶解着各种养分的土壤溶液，它是土壤的"血液"。土壤大孔隙中充满来自大气和土壤生化反应产生的气体，使土壤有足够的氧气供应。土壤内的水分和空气呈互为消长的关系。肥沃的土壤，应该是"骨肉"相称，"血气"充沛。良好土壤的三相组成应该是固相物质的体积约占50%左右，其中40%左右为矿质颗粒，10%左右为有机质；液相和气相体积亦占50%左右。三相物质不是孤立的，而是互相依赖、互相制约的统一体。这些物质的比例关系及其变化对土壤肥力有直接的影响，它们是土壤肥力的物质基础，为植物生育提供必要的生活条件。要研究土壤及其肥力的基础物质及其性质，进而采取措施，调整三相比例，改善土壤组成的质和量，从而提高土壤肥力。

二、土壤肥力

土壤肥力，是指土壤在植物生长发育全部过程中不断供给植物以最大量的有效养分和水分的能力，同时自动调节植物生长发育过程中最适宜的土壤空气和土壤温度的能力。这种能力是土壤物理、化学、生物等性质的综合反映，是土壤的本质特性和生命力。土壤肥力因素综合作用于植物，各种因素是同等重要、不可代替的。良好的植物生长土壤环境，不仅要求诸肥力因素同时存在，而且必须保持相互协调的状态。所以一般认为水、肥、气、热是土壤的四大肥力因素，它们综合地起作用，构成了土壤肥力。

土壤肥力可分为自然肥力和人工肥力。自然肥力包括土壤所具有的容易被植物吸收利用的有效肥力和不能被植物直接利用的潜在肥力。人工肥力是指通过种植绿肥和施肥等措施所创造的肥力。林草地土壤仅仅具有自然肥力，而耕作土壤则兼具有自然肥力和人工肥力。土壤肥力因素由于受环境条件和耕作、施肥管理水平等的限制，只有一部分在生产中表现出来，这部分肥力称为有效肥力，又称为经济肥力。另一部分没有直接反映出来的肥力叫做潜在肥力。潜在肥力和有效肥力互相联系，互相转化，没有截然的界限。潜在肥力是有效肥力的"后备"，有的土壤潜在肥力高，而有效肥力不高，通过采取适宜的土壤耕作管理措施，改造土壤的环境条件，可促进潜在肥力转化为有效肥力。

肥沃土壤的标志是，具有良好的土壤性质，丰富的养分含量；良好的土壤透水性和保水性；通畅的土壤通气条件和吸热、保温能力。提高土壤肥力和培育肥沃土壤是从事花卉生产的首要任务。

第二节　土壤的分类及其特性

土壤的种类很多，根据不同的分类方法有着不同的类型。

一、按系统分类

土壤的本质特性是肥力，因此，土壤系统分类就是根据土壤肥力的发生与演变，系统地区分各种土壤，为合理利用土壤，提高土壤肥力提供依据。我国现行土壤分类采用土纲、土类、亚类、土属、土种、变种六级分类制。

二、按质地分类

根据土粒直径的大小可把土粒分为粗砂（2.0～0.2mm），细砂（0.2～0.02mm），粉砂（0.02～0.002mm）和黏粒（0.002mm 以下）。这些不同大小固体颗粒的组合百分比就称为土壤质地。根据土壤质地可把土壤区分为：

1. 砂土

砂性土的肥力特征是蓄水力弱，养分含量低，保肥性较差，土温变化较快，但通气性和透水性好，并且容易耕作。

2. 黏土

黏土孔隙很小，通气不良，透水性差，耕作比较困难，但钾、钙、镁等矿物质含量丰富，养分含量较高，保水力和保肥力较强，土温稳定。

3. 壤土

这是介于黏土和砂土之间的一种土壤质地类别。土壤中砂粒、粉砂粒和黏粒的比例适当，兼具砂土和黏土的特点。既有良好的通气透水性，又有一定的保水保肥能力，土温比较稳定，耕作性好，适耕期较长，适合大多数花卉的栽培。

三、按酸碱度分类

土壤酸碱度是土壤最重要的化学性质，因为它是土壤各种化学性质的综合反应，对土壤肥力、土壤微生物的活动、土壤有机质的合成和分解、各种营养元素的转化和释放、微量元素的有效性以及动物在土壤中的分布都有着重要影响。土壤酸碱度常用 pH 值表示。土壤根据酸碱度可分为：

1. 酸性土

土壤 pH 值在 6.0 以下，适宜大部分原产高山及江南的酸性土植物的生长，例如红松、马尾松、油松、山茶花、杜鹃花、米兰、橡皮树及大量的阴生观叶花木。

2. 碱性土

土壤 pH 值在 7.5 以上，适宜原产华北、西北的大部分花木的生长，例如柳树类、侧柏、桂柳、槐树、龙爪槐、蜡梅、榆叶梅、黄刺玫等。

3. 中性土

土壤 pH 值 6.0~7.5，适宜在弱酸到弱碱的土壤中都能正常生长的植物，例如雪松、龙柏、悬铃木、马褂木、紫薇、木槿、樱花、海棠、丁香等大部分花木属于这一类。

第三节 常用基质材料的种类及性质

一、常用基质材料的种类

随着花卉产业的发展，基质栽培在花卉栽培中所占的比例越来越大，基质的优越性和基质对花卉生长发育及观赏品质的影响日益受到重视。在盆花、盆景、种苗生产上，基质都是不可或缺的重要园艺资材，基质的品种、数量和质量水平，已经成为一个国家园艺水平的重要标志。

用于配制基质的材料被称为基质材料。基质材料的选择不仅要考虑植物栽培生理特性的需要，还要考虑到经营方面的因素。基质材料的种类很多，大体上可分为有机基质材料和无机基质材料两类。

1. 有机基质材料

是指草炭、锯末、树皮、稻草和稻壳等有机物质。这些基质材料或来自有机物，或本身就是有机物。在各种有机基质材料中，以草炭的应用最广，其次是锯末。

2. 无机基质材料

无机基质材料是指岩棉、蛭石、砂、陶粒、珍珠岩、聚乙烯和尿醛泡沫塑料等无机物质。在各种无机基质材料中，以岩棉用的最多，普遍用于蔬菜、花卉育苗和栽培上。

二、常用基质材料的性质

1. 草炭

世界上的草炭依成分大体上分为藓类草炭和苔类草炭两大类，依其分解程度分为高位草炭、中位草炭和低位草炭。草炭的物理性质，依其种类不同而有很大差别。将不同种类的草炭，按照一定比例进行混合，其物理性质会发生改变，从而更适宜某种作物的需要。

2. 泥炭

泥炭的吸水量大，吸收养分的能力也强，通常表现为强酸性，pH值约4～5。泥炭的透气性一般都很好，并能提供少量氮肥。但是泥炭干时很难湿润，需要加表面活性剂。有时泥炭中含有有害盐分，所以使用前应先做少量试种为宜。

3. 岩棉

岩棉是一种吸水性很强的无机基质，其水气比例对许多植物都适合。因为它价格低廉，使用方便，安全卫生，所以适用于各种花卉的无土栽培。刚使用的岩棉pH值较高，一般为7～8。这主要是含有少量氧化钙的缘故。当使用一段时间后，pH值就会下降，或者使用前灌溉时加入少量的酸，1～2d后即可。

4. 锯末

锯末来自木材加工，其特点是轻便，具有良好的吸水性和透气性，但在干燥地区容易风干，应加入一些泥炭配成混合基质。一般树种的锯末均可使用，但对松树锯末应进行水洗，或发酵3个月，以减少松节油的含量。

锯末可以连续使用2～6茬，但每茬使用前应进行消毒。

5. 蛭石

蛭石由云母片燃烧至850℃膨胀而成，其特点是安全卫生，吸水性强，保水保肥能力强；空隙度大，透气性好；pH值7～9，能提供一定量的钾，少量钙、镁等营养物质，但使用时间不宜太长。

6. 沙

沙的含水量恒定，不保水保肥，透气性好；能提供一定量的钾肥，来源丰富，成本低，经济实惠，安全卫生。缺点是分量较重。

7. 陶粒

陶粒呈粉红色或赤色，大小比较均匀，质地较轻，保水、排水、透气性良好，保肥能力适中，化学性质稳定，同时安全卫生。

8. 珍珠岩

珍珠岩是由硅质火山岩形成的矿物质，其特点是透气性好，含水量适中，化学性质稳定。因其比重比水轻，要防止大量浇水或淋雨。

本章小结

> 土壤是由固相、液相和气相物质组成的疏松多孔体。土壤肥力可分为自然肥力和人工肥力。水、肥、气、热是土壤的四大肥力因素。土壤的种类因分类方法不同而不同。基质材料大体上可分为有机基质材料和无机基质材料两类，不同基质材料有着不同的性质。

复习与思考

1. 土壤由哪些基本物质所组成？
2. 土壤肥力可分哪两类，各自有什么特点？
3. 土壤按质地可分哪几种，各自的性质如何？
4. 土壤按酸碱度可分哪几种，各种的性质如何？
5. 列举三种常用基质材料的性质。

第四章

植物保护

> ☞ **学习目标**
>
> 能够初步识别花卉常见病虫,了解病虫害发生的一般规律,熟悉花卉病虫害的控制途径和方法。

第一节 花卉病虫害种类及其识别

一、花卉主要病害

花卉在生长过程中,常常遇到有害生物的侵染和不良环境的影响,使得它们在生理上和外部形态上,都发生一系列的病理变化,致使花卉的品质和产量下降,这种现象称为病害。引起花卉发病的原因较多,主要是受真菌、细菌、病毒、类菌质体、线虫、藻类、螨类和寄生性种子植物等有害生物的侵染及不良环境的影响所致。这些不同性质的原因引起的花卉病害,分别称为真菌性病害、细菌性病害、病毒性病害、线虫性病害及生理性病害(或称非侵染性病害)。

1. 真菌性病害

真菌性病害是由真菌侵染引起的。真菌是一类没有叶绿素的低等生物,个体大小不一,多数要在显微镜下才能看清。真菌的发育分营养和繁殖两个阶段，菌丝为营养体，无性和有性孢子为繁殖体。它们主要借助风、雨、昆虫或花卉的种苗传播，通过花卉植物表皮的气孔、水孔、皮孔等自然孔口和各种伤口侵入体内，也可直接侵入无伤表皮。在生病部位上表现出白粉、锈粉、煤污、斑点、腐烂、枯萎、畸形等症状。常见的有月季黑斑病、白粉病、菊花褐斑病、芍药红斑病、兰花炭疽病、玫瑰锈病、花卉幼苗立枯病等。

2. 细菌性病害

细菌性病害是由细菌侵染引起的。细菌比真菌个体更小，是一类单细胞的低等生物，在显微镜下才能观察到它的形态。它们一般借助雨水、流水、昆虫、土壤、花卉的种苗和病株残体等传播。主要是从植株体表气孔、皮孔、水孔、蜜腺和各种伤口，侵入花卉体内引起危害，表现为斑点、溃疡、萎蔫、畸形等症状。常见的细菌性病害有樱花细菌性根癌病、碧桃细菌性穿孔病、鸢尾、仙客来细菌性软腐病等。

3. 病毒性病害

病毒性病害是由病毒侵染引起的。病毒是极微小的一类寄生物，它的体积比细菌更小，必须用电子显微镜才能看到它的形态。它们主要通过刺吸式口器的昆虫（如蚜虫、叶蝉、粉虱等）传播，其次是通过土壤中的线虫和真菌、种子和花粉传播。嫁接、病株与健株接触摩擦、无性繁殖材料（包括接穗、块茎、球茎、鳞茎、块根和苗木等）都是花卉病毒病的重要传播途径，甚至在修剪、切花、锄草时，操作人员的手和园艺工具上沾染的病毒汁液，都能起到传播作用。以上传播媒介，在花卉植物上造成的微小伤口将病毒带入体内，使其发病，表现为花叶、花瓣碎色、畸形等症状。常见的有郁金香病毒病、仙客来病毒病、一串红花叶病毒病及大丽花病毒病等。

4. 线虫性病害

线虫性病害是由线虫寄生侵染引起的。线虫是一种低等动物，身体很小，需在显微镜下才能看清它的形态。一般为细长的圆筒形，两端尖，形似人们所熟悉的蛔虫，少数种类的雌虫呈梨形。线虫头部口腔中有一矛状吻针，用以刺破植物细胞吸取汁液。生活在土壤中的线虫，寄生在花木根部，有的使根系上长出小的瘤状结节，有的引起根部腐烂。常见的有仙客来、凤仙花、牡丹、月季等花木的根结线虫病。有的线虫寄生在花卉叶片上，引起特有的三角形褐色枯斑，最后导致叶枯下垂，如菊花、珠兰的叶枯线虫病。

5. 生理性病害

生理性病害又称为非侵染性病害，是由不良的环境因素、植株本身生理代谢受阻、某些营养元素的缺乏及栽培技术不当所造成的。如温度过高或过低，都会使花卉生长发育不良，甚至受到伤害。温度过高，常造成叶片、枝条灼伤坏死，还影响孕蕾和开花。温度过低，如早霜和晚霜，常使花卉的叶芽、花芽、嫩叶或枝条、嫩梢受到冻害。土壤水分过多造成通气不良，在缺氧条件下，花卉根部呼吸困难，易窒息死亡。同时，在此情况下，土壤中积累了过量的有毒化学物质，能直接毒害根部造成烂根，影响植株从土壤吸收水分和养料。相反，土壤干旱、水分不足，植株发生凋萎，缺水严重时，造成全株枯死。施肥不当或土壤中营养物质含量失调，也会引起花卉发病，如碱性土壤中，因缺铁造成花卉叶片黄化，常见的有栀子黄化病。缺少磷肥会影响开花，氮肥过多，易造成植株徒长而不开花。

在花卉病害中，以真菌性病害发生最普遍，分布最广，危害最大。然而近年来，病毒病和线虫病的危害也日趋严重，已成为花卉品种退化和品质变劣的重要原因之一。此外，还有藻斑病、菟丝子害等，在个别地区或年份也引起危害。

二、花卉主要害虫

有很多昆虫等小型动物以花卉的叶、花、果、茎、枝、根等为取食对象，造成这些部位缺损、枯萎、畸形或腐烂，降低花卉观赏价值，甚至引起植株死亡。这类昆虫，称为花卉害虫。花卉害虫种类繁多，根据害虫危害花卉的部位和方式可将其分为以下几类。

1. 食叶害虫

食叶害虫是一类以植物的叶片作为食物主要来源的昆虫。一般叶片的被害状是：初孵幼虫食量很小，仅将叶子的叶肉啃食，留下叶片的表皮，使叶子出现小块半透明的斑块。随着虫龄的增大，食量日益增加，害虫蚕食叶片，出现大小不等的缺刻、孔洞。到幼虫进入高龄阶段，食量猛增进入所谓暴食期，此时将整叶片吃光，仅留主脉或叶柄。在虫口密度大时，可以将所有的叶子吃光殆尽而成光秆。由于叶片是植物进行光合作用制造碳水化合物等营养物质的器官，植株叶片的残缺不全，轻则生长不良，发育滞缓，延迟开花或不能开花，重则植物因无叶缺乏营养而遭整株枯死。至此花卉非但失去了观赏价值，同时也破坏了绿化的环境。常见的食叶害虫有黄刺蛾、桑褐刺蛾、大蓑蛾、凤蝶、蔷薇叶蜂等。

2. 刺吸害虫

此类害虫口器如针管，可刺进花卉植物组织（叶片或嫩尖），吸食花卉植物组织的营养，使叶片干枯、脱落，受害叶片表现失绿、变为白色或褐色。这类害虫个体较小，种类繁多，有时不易发现。此类害虫中有的可分泌蜜露，有的可分沁蜡质，不但污染花卉叶片、枝条，且极易导致煤污病，看上去叶片和枝条上如同涂了一层厚厚的煤粉层。此类害虫中的螨类能吐丝结网，严重时网可粘连叶片和枝条。常见的有蚜虫类、介壳虫类、粉虱类、蓟马类、叶螨类等。

3. 钻蛀害虫

钻蛀害虫绝大多数为害木本花卉，只有少数为害草本花卉。各类钻蛀害虫的成虫一般不为害或为害轻微，如啃食一些嫩枝的树皮、叶子，不会引起严重的危害。钻蛀都是在幼虫时期为害的，一般幼虫在树木的主干、主枝、侧枝上蛀食成孔洞、隧道。蛀道内木屑及大量虫粪充塞其中，受害轻者养分、水分输送受到阻碍，严重时树干全被蛀食成千疮百孔，以至枯萎死亡，并常引起其他害虫和一些病菌的侵入，使树木腐朽死亡。其次由于树干内被蛀食一空，极易被大风吹折，树形不整，丧失了观赏价值，破坏了绿化。草本花卉的茎被蛀食后，常导致失水枯萎而死。钻蛀害虫主要有两大类：鞘翅目的天牛类和吉丁虫类；鳞翅目的木蠹蛾、透翅蛾和螟蛾。此外尚有一些膜翅目的茎蜂和树蜂等。

4. 地下害虫

这类害虫又称为食根性害虫，一生生活在土壤的浅层和表层。花卉栽培的土壤一般有机质含量丰富，质地疏松，通气和持水性能良好。这些土壤的生态条件也最适合土壤害虫的生存和繁殖。花卉被害处常造成植株萎蔫或死亡，如水仙、百合、苍兰、大丽花、仙客来等花卉常受根螨、线虫、跳虫等危害；又如香石竹、菊花以及一、二年生草本花卉常受蛴螬、蝼蛄、地老虎等危害。

5. 其他有害动物

在花卉培植的环境中,尤其在温室等设施内温度高,湿度大,空气不太流通,不仅有利于害虫的发生,而且还会引起其他一些有害动物如蜗牛、蛞蝓、鼠妇等的发生与危害。蜗牛属软体杂食性动物,为害多种花木,常将嫩叶、嫩茎咬食成不规则孔洞或缺刻,并能引起细菌侵入造成腐烂。蛞蝓是陆生软体动物,能分泌透明的胶状液体,爬行活动后留下痕迹,干后发亮,在温室内常为害仙客来、瓜叶菊、洋兰等,造成叶片缺刻、孔洞或食幼苗嫩梢。鼠妇俗称"西瓜虫",属节肢动物,性喜潮湿,在温室内多有发生,为害植物有海棠、仙客来、铁线蕨、含笑、紫罗兰等,更喜为害多肉植物,在盆内齐土面咬断茎秆或在盆底内取食嫩根,影响植株生长和观赏价值。

第二节 花卉病虫害的发生及其控制

一、花卉病害的发生

病害的发生过程包括侵入期、潜育期和发病期三个阶段。侵入期指病原物从接触花卉到侵入植物体内开始营养生长的时期。该时期是病原物生活中的薄弱环节,容易受到环境条件的影响而死亡。因此,是控制病害的最佳时期。潜育期指从病原物与寄主建立寄生关系起到症状出现所经过的时期,一般5~10d。可通过改变栽培技术,加强水肥管理,培育健康苗木,使病原菌在植物体内受抑制,减轻病害发生程度。发病期是自病害症状出现到停止发展的时期。该时期已较难控制,必须加大防治力度。

二、花卉害虫的生活习性

不同的害虫有不同的生活习性。掌握害虫的生活习性,才能有效地加以控制。

1. 世代与生活史

从卵开始到成虫为止的一个发育周期,称为一个世代。代数多少随害虫种类和气候条件决定,代数多的害虫,要多次防治才能控制为害。生活史是指害虫在一生中各个时期的经过情况,一般包括卵、幼虫、蛹、成虫等四个时期。

2. 生活习性

(1) 食性　按害虫取食植物种类的多少，分为单食性、寡食性和多食性害虫三类。单食性害虫只为害一种植物，寡食性可食取同科或亲缘关系较近的植物，多食性害虫可取食许多不同科的植物。寡食性害虫和多食性害虫防治时，范围不应仅限在可见的被害区域，应广泛加以防治。

(2) 趋性　指害虫趋向或逃避某种刺激因子的习性。前者为正趋性，后者为负趋性。防治上主要利用害虫的正趋性，如利用灯光诱杀具趋光性的害虫。

(3) 假死性　指当受到刺激或惊吓时，立即从植株上掉落下来，暂时不动的现象。对于害虫可采取振落捕杀方式加以防治。

(4) 群集性　指害虫群集生活共同为害植物的习性。一般在幼虫期有该特性，因此在该时期进行化学防治或人工防治将能达到很好的效果。

(5) 休眠　指在不良环境下，虫体暂时停止发育的现象。害虫的休眠有特定的场所，因此可集中在该时期加以消灭。

三、花卉病虫害的控制

1. 植物检疫

这是根据国家制定的一系列检疫法令和规定，对植物检疫对象进行病虫害检验，防止从别的国家或地区传入新的危险性病虫害，并限制当地的检疫对象向外传播蔓延。植物检疫是防治病虫害的一项重要的预防性和保护性措施。

2. 农业控制

主要是动用栽培管理技术措施，有目的地改变某些生态环境条件，避免或减轻病虫害的发生，以达到保护花卉正常生长的目的。主要内容有：选用抗病虫的优良品种，利用无病健康种苗，轮作，深耕细作，清洁田园，改变栽种时期，加强肥水管理等。

3. 物理机械控制

根据害虫的生活习性和病虫害的发生规律，利用温度、光及器械等物理机械因素直接的作用来消灭病虫害和改变其生长发展条件的方法称物理机械防治法。如对活动性不强，有趋光性虫害等进行人工捕杀。

4. 生物控制

应用自然界有益生物来消灭或抑制某种病虫害的方法。生物防治能改变生物群落，直接消灭病虫害。具有使用灵活，对人畜和天敌安全，无残毒，不污染环境，效果持久，有预防性等特点。生物防治，目前主要是利用以虫治虫，以菌治虫和以菌治病的方法进行。

5. 化学控制

即应用化学农药防治病虫害的方法。其优点是作用快，效果好，应用方便，能在短期内消灭或控制大量发生的病虫害，受地区性或季节性限制比较小。但化学防治的缺点非常明显，如长期使用，害虫易产生抗药性，同时杀伤天敌，还有些农药毒性较大，有残毒，能污染环境，影响人畜健康。

6. 综合控制

病虫害控制的原则是"预防为主，综合控制"。预防为主，就是根据病虫害发生规律，抓住薄弱环节和防治的关键时期，采取经济有效、切实可行的方法，将病虫害在大量发生或造成危害之前，予以有效控制，使其不能发生或蔓延。综合控制，就是从生产的全局和生态平衡的总体观念出发，充分利用自然界抑制病虫害的各种因素，创造不利于病虫害发生和危害的条件，有机地采取各种必要的控制方法，使之取长补短，相辅相成，以达到经济、安全、有效地控制病虫害的发生。

本 章 小 结

植物保护是花卉生产的重要保障。花卉病害，分为真菌性病害、细菌性病害、病毒性病害、线虫性病害和生理性病害。依据危害花卉的部位和方式可将有害生物分为食叶害虫、刺吸害虫、钻蛀害虫、地下害虫和其他有害动物。花卉病虫害的控制方法有植物检疫、农业控制、物理机械控制、生物控制、化学控制、综合控制等。

复习与思考

1. 花卉病害主要有哪些种类,如何予以区别?
2. 花卉害虫主要有哪些种类,如何予以区别?
3. 结合实际,说明如何对花卉的病虫害进行综合控制。

第五章

相关政策与法规

> **☞ 学习目标**
>
> 熟悉相关法律、法规及相关内容。

第一节 《中华人民共和国劳动法》相关知识

一、概 述

广义上劳动法指调整劳动关系以及与劳动关系有密切联系的其他关系的法律规范总和，狭义劳动法是指由中华人民共和国第八届全国人民代表大会常务委员会第八次会议于1994年7月5日通过，自1995年1月1日起施行的《中华人民共和国劳动法》。主要分为总则、促进就业、劳动合同和集体合同、工作时间和休息休假、工资、劳动安全卫生、女职工和未成年工特殊保护、职业培训、社会保险和福利、劳动争议、监督检查、法律责任、附则等十三部分。

二、相关内容

第六十六条 国家通过各种途径，采取各种措施，发展职业培训事业，开发劳动者的职业技能，提高劳动者素质，增强劳动者的就业能力和工作能力。

第六十七条 各级人民政府应当把发展职业培训纳入社会经济发展的规划，鼓励和支持有条件的企业、事业组织、社会团体和个人进行各种形式的职业培训。

第六十八条 用人单位应当建立职业培训制度，按照国家规定提取和使用职业培训经费，根据本单位实际，有计划地对劳动者进行职业培训。从事技术工种的劳动者，上岗前必须经过培训。

第六十九条 国家确定职业分类，对规定的职业制定职业技能标准，实行职业资格证书制度，由经过政府批准的考核鉴定机构负责对劳动者实施职业技能考核鉴定。

第二节 《中华人民共和国环境保护法》相关知识

一、概　述

1979年，我国正式颁布了《中华人民共和国环境保护法（试行）》，试行法使用了十年，对我国的环境保护工作起到了很大推动作用。1989年，为了适应我国经济体制改革新形势的需要，对《试行法》进行了修订，并于1989年12月颁布了《中华人民共和国环境保护法》。该法共分总则、环境监督管理、保护和改善环境、防治环境污染和其他公害、法律责任和附则6章，内容涉及我国环保工作的各个方面。

二、相关内容

第十七条 各级人民政府对具有代表性的各种类型的自然生态系统区域，珍稀、濒危的野生动植物自然分布区域，重要的水源涵养区域，具有重大科学文化价值的地质构造、著名溶洞和化石分布区、冰川、火山、温泉等自然遗迹，以及人文遗迹、古树名木，应当采取措施加以保护，严禁破坏。

第十八条 在国务院、国务院有关主管部门和省、自治区、直辖市人民政府划定的风景名胜区、自然保护区和其他需要特别保护的区域内，不得建设污染环境的工业生产设施；建设其他设施，其污染物排放不得超过规定的排放标准。已经建成的设施，其污染物排放超过规定的排放标准的，限期治理。

第十九条　开发利用自然资源，必须采取措施保护生态环境。

第二十条　各级人民政府应当加强对农业环境的保护，防止土壤污染、土地沙化、盐渍化、贫瘠化、沼泽化、地面沉降化和防止植被破坏、水土流失、水源枯竭、种源灭绝以及其他生态失调现象的发生和发展，推广植物病虫害的综合防治，合理使用化肥、农药及植物生长激素。

第二十二条　制定城市规划，应当确定保护和改善环境的目标和任务。

第二十三条　城乡建设应当结合当地自然环境的特点，保护植被、水域和自然景观，加强城市园林、绿地和风景名胜区的建设。

第四十四条　违反本法规定，造成土地、森林、草原、水、矿产、渔业、野生动植物等资源破坏的，依照有关法律的规定承担法律责任。

第三节　《中华人民共和国种子法》相关知识

一、概　述

《中华人民共和国种子法》于 2000 年 7 月 8 日经九届全国人大常委会第十六次会议通过，并于当日由中华人民共和国第三十四号主席令发布，于 2000 年 12 月 1 日起施行。主要分为总则、种质资源保护、品种选育与审定、种子生产、种子经营、种子使用、种子质量、种子进出口和对外合作、种子行政管理、法律责任和附则共 11 章内容。种子法是我国第一部规范农作物和林木的品种选育及种子生产、经营、使用、管理等活动的法律，对我国农业和林业的发展具有重要意义。

二、相关内容

第八条　国家依法保护种质资源，任何单位和个人不得侵占和破坏种质资源。

第十一条　国务院农业、林业、科技、教育等行政主管部门和省、自治区、直辖市人民政府应当组织有关单位进行品种选育理论、技术和方法的研究。

国家鼓励和支持单位和个人从事良种选育和开发。

第十二条　国家实行植物新品种保护制度，对经过人工培育的或者发现的野生植物加以开发的植物品种，具备新颖性、特异性、一致性和稳定性的，授予植物新品种权，保护植物新品种权所有人的合法权益。具体办法按照国家有关规定执行。选育的品种得到推广应用的，育种者依法获得相应的经济利益。

第二十条　主要农作物和主要林木的商品种子生产实行许可制度。

第二十六条　种子经营实行许可制度。种子经营者必须先取得种子经营许可证后，方可凭种子经营许可证向工商行政管理机关申请办理或者变更营业执照。

第三十九条　种子使用者有权按照自己的意愿购买种子，任何单位和个人不得非法干预。

第四十三条　种子的生产、加工、包装、检验、贮藏等质量管理办法和行业标准，由国务院农业、林业行政主管部门制定。农业、林业行政主管部门负责对种子质量的监督。

第四十九条　进口种子和出口种子必须实施检疫，防止植物危险性病、虫、杂草及其他有害生物传入境内和传出境外，具体检疫工作按照有关植物进出境检疫法律、行政法规的规定执行。

第四节　《中华人民共和国森林法》相关知识

一、概　述

《中华人民共和国森林法》是1984年9月20日第六届全国人民代表大会常务委员会第七次会议通过，根据1998年4月29日第九届全国人民代表大会常务委员第二次会议《关于修改〈中华人民共和国森林法〉的决定》修正，自1985年1月1日起施行。制定本法的目的是保护、培育和合理利用森林资源，加快国土绿化，发挥森林蓄水保土、调节气候、改善环境和提供林产品的作用，适应社会主义建设和人民生活的需要。

二、相关内容

第三条 森林资源属于国家所有，由法律规定属于集体所有的除外。

第四条 森林分为以下五类：

（一）防护林：以防护为主要的目的的森林、林木和灌木丛，包括水源涵养林，水土保持林，防风固沙林，农田、牧场防护林，护岸林，护路林；

（二）用材林：以生产木材为主要目的的森林和林木，包括以生产竹材为主要目的的竹林；

（三）经济林：以生产果品，食用油料、饮料、调料，工业原料和药材等为主要目的的林木；

（四）薪炭林：以生产燃料为主要目的的林木；

（五）特种用途林：以国防、环境保护、科学实验等为主要目的的森林和林木，包括国防林、实验林、母树林、环境保护林、风景林，名胜古迹和革命纪念地的林木，自然保护区的森林。

第八条 国家对森林资源实行以下保护性措施：

（一）对森林实行限额采伐，鼓励植树造林、封山育林，扩大森林覆盖面积；

（二）根据国家和地方人民政府有关规定，对集体和个人造林、育林给予经济扶持或者长期贷款；

（三）提倡木材综合利用和节约使用木材，鼓励开发、利用木材代用品；

（四）征收育林费，专门用于造林育林；

（五）煤炭、造纸等部门，按照煤炭和木浆纸张等产品的产量提取一定数额的资金，专门用于营造坑木、造纸等用材林；

（六）建立林业基金制度。

第五节 《中华人民共和国植物新品种保护条例》相关知识

一、概　述

《中华人民共和国植物新品种保护条例》于1997年10月1日起施行，是对植物新品种采用专门法进行保护的法律制度，标志着我国对植物新品种保护的法律体系框架已基本建立。本条例共8章46条，内容包括：植物新品种权的内容和归属、授予品种权的条件、品种权的申请和受理、品种权的审查和批准、品种权的期限、终止和无效、侵犯品种权的法律责任。

二、相关内容

第二条　本条例所称植物新品种，是指经过人工培育的或者对发现的野生植物加以开发，具备新颖性、特异性、一致性和稳定性并有适当命名的植物品种。

第十四条　授予品种权的植物新品种应当具备新颖性。新颖性，是指申请品种权的植物新品种在申请日前该品种繁殖材料未被销售，或者经育种者许可，在中国境内销售该品种繁殖材料未超过1年；在中国境外销售藤本植物、林木、果树和观赏树木品种繁殖材料未超过6年，销售其他植物品种繁殖材料未超过4年。

第十五条　授予品种权的植物新品种应当具备特异性。特异性，是指申请品种权的植物新品种应当明显区别于在递交申请以前已知的植物品种。

第十六条　授予品种权的植物新品种应当具备一致性。一致性，是指申请品种权的植物新品种经过繁殖，除可以预见的变异外，其相关的特征或者特性一致。

第十七条　授予品种权的植物新品种应当具备稳定性。稳定性，是指申请品种权的植物新品种经过反复繁殖后或者在特定繁殖周期结束时，其相关的特征或者特性保持不变。

第三十四条　品种权的保护期限，自授权之日起，藤本植物、林木、果树和观赏树木为20年，其他植物为15年。

第六节 《中华人民共和国进出境动植物检疫法》相关知识

一、概　述

《中华人民共和国进出境动植物检疫法》1991年10月30日第七届全国人民代表大会常务委员会第二十二次会议通过，中华人民共和国主席令第53号发布，自1992年4月1日起执行。《中华人民共和国进出境动植物检疫法》及其他有关文件规定，凡进出境植物、植物产品和其他检疫物都要实施检疫。进出境植物检疫的目的是防止外来的危险性植物病、虫、杂草及其他有害生物传入商品进口国。在防治有害生物的综合措施中，实施检疫是最为经济有效的，具有保护国家根本利益的特殊作用。

二、相关内容

第二条　进出境的动植物、动植物产品和其他检疫物，装载动植物、动植物产品和其他检疫物的装载容器、包装物，以及来自动植物疫区的运输工具，依照本法规定实施检疫。

第五条　国家禁止下列各物进境：

（一）动植物病原体（包括菌种、毒种等）、害虫及其他有害生物；

（二）动植物疫情流行的国家和地区的有关动植物、动植物产品和其他检疫物；

（三）动物尸体；

（四）土壤。

第十条　输入动物、动物产品、植物种子、种苗等其他繁殖材料的，必须事先提出申请，办理检疫审批手续。

第四十六条　本法下列用语的含义是：

（三）"植物"是指栽培植物、野生植物及其种子、种苗及其他繁殖材料等；

（四）"植物产品"是指来源于植物未经加工或者虽经加工但仍有可能传播病虫害的产品，如粮食、豆、棉花、油、麻、烟草、籽仁、干果、鲜果、蔬菜、生药材、木材、饲料等。

第七节　WTO相关知识

一、概　述

世界贸易组织（WTO）成立于1995年1月1日，它取代了1947年成立的关贸总协定（GATT），目前它是世界上最年轻的国际组织之一。WTO的成员国目前有140家，占世界贸易的90%以上，现有超过30个国家正在申请成员国资格。世界贸易组织（WTO）成立的目的是处理国际贸易规则，保证国际贸易顺利、可预测和透明地进行。

二、相关内容

WTO农产品贸易规则由13部分、21条和5个附录组成，主要内容包括：将非关税措施关税化，非关税措施关税化后的关税税率不得随意提高；相互减让约束关税；削减补贴，即减少对农产品的补贴，主要是削减对小麦、谷物、肉奶制品和糖的补贴。作为发展中国家一般有10年过渡期实施它们的削减关税和补贴计划，这也是中国要求以发展中国家身份加入WTO的原因。

农产品贸易市场准入方面包括关税和非关税两方面的规定。在关税方面，包括关税削减、关税约束和关税高峰，要求发达国家的关税税目约束比例由58%提高到99%，并将在6年内削减36%的关税；发展中国家税目约束比例由17%猛增到89%，并在10年内削减24%的关税。非关税措施全部关税化，并进行约束和削减，同时列入乌拉圭回合议定书的关税和非关税减让表、农产品市场准入协议的清单之中。WTO首次将世界贸易规则延伸至农产品。在农产品补贴方面规定，除关税削减和非关税措施关税化外，还要求各国在6年内将实行补贴的农产品出口减少21%，并保证农产品进口从占本国农产品消费总量的3%扩大到占5%以上。

本章小结

> 政策与法规是社会行为的规范和准则,懂得法律政策、法规是公民素质的表现。本章阐述和花卉生产经营相关的七类政策、法规知识,突出实用性和可操作性。

复习与思考

结合实际,利用所学政策、法规,谈谈花卉生产者和经营如何正确维护自身的利益,同时必须承担哪些义务?

第六章
产品质量标准

> **学习目标**
> 熟悉花卉产品质量标准及主要内容。

第一节 主要花卉产品等级

一、概述

2000年11月16日国家技术监督局发布了花卉系列的7个标准,从2001年4月1日开始实施。标准的标准号和标准名称如下:GB/T18247.1《主要花卉产品等级第一部分:鲜切花》;GB/T18247.2《主要花卉产品等级第二部分:盆花》;GB/T18247.3《主要花卉产品等级第三部分:盆栽观叶植物》;GB/T18247.4《主要花卉产品等级第四部分:花卉种子》;GB/T18247.5《主要花卉产品等级第五部分:花卉种苗》;GB/T18247.6《主要花卉产品等级第六部分:花卉种球》;GB/T18247.7《主要花卉产品等级第七部分:草坪》。

二、主要内容

《主要花卉产品等级第一部分:鲜切花》规定了月季、唐菖蒲、香石竹、菊花、非洲菊、满天星、亚洲型百合、东方型百合、麝香百合、马蹄莲、火鹤、鹤望兰、肾蕨、银芽柳共14种主要鲜切花产品的一级品、二级品和三级品的质量等级指标。

《主要花卉产品等级第二部分：盆花》规定了金鱼草、四季海棠、蒲包花、温室凤仙、矮牵牛、半支莲、四季报春、一串红、瓜叶菊、长春花、国兰、菊花、小菊、仙客来、大岩桐、四季米兰、山茶花、一品红、茉莉花、杜鹃花、大花君子兰共21种主要盆花产品的一级品、二级品和三级品的质量等级指标。

《主要花卉产品等级第三部分：盆栽观叶植物》规定了香龙血树（巴西木，三桩型）、香龙血树（巴西木，单桩型）、香龙血树（巴西木，自根型）、朱蕉、马拉巴栗（发财树，3～5辫型）、马拉巴栗（发财树，单株型）、绿巨人、白鹤芋、绿帝王（丛叶喜林芋）、红宝石（红柄蔓绿绒）、花叶芋、绿萝（藤芋）、美叶芋、金皇后、银皇后、大王黛粉叶、洒金榕（变叶木）、袖珍椰子、散尾葵、蒲葵、棕竹、南杉、孔雀竹芋、果子蔓共24种主要盆栽观叶植物产品的一级品、二级品和三级品的质量等级指标。

《主要花卉产品等级第四部分：花卉种子》规定了48种主要花卉种子产品的一级品、二级品和三级品的质量等级指标，及各级种子含水率的最高限和各级种子的每g粒数。

《主要花卉产品等级第五部分：花卉种苗》规定了香石竹、菊花、满天星、紫菀、火鹤、非洲菊、月季、一品红、草原龙胆、补血草10种主要花卉种苗产品的一级品、二级品和三级品的质量等级指标。

《主要花卉产品等级第六部分：花卉种球》规定了亚洲型百合、东方型百合、铁炮百合、L-A百合、盆栽亚洲型百合、盆栽东方型百合、盆栽铁炮百合、郁金香、鸢尾、唐菖蒲、朱顶红、马蹄莲、小苍兰、花叶芋、喇叭水仙、风信子、番红花、银莲花、虎眼万年青、雄黄兰、立金花、蛇鞭菊、观音兰、细颈葱、花毛茛、夏雪滴花、全能花、中国水仙28种主要花卉种球产品的一级至五级品的质量等级指标。

《主要花卉产品等级第七部分：草坪》分别规定了主要草坪种子等级标准、草坪草营养等级标准、草皮等级标准、草坪植生带等级标准、开放型绿地草坪等级标准、封闭型绿地草坪等级标准、水土保持草坪等级标准、公路草坪等级标准、飞机场跑道区草坪等级标准、足球场草坪等级标准。

《花卉》系列国家标准中的每个标准不仅规定了产品的等级划分原则、控制指标，还规定了质量检测方法。

第二节　林木种子检验规程（GB2772－1999）

一、概　述

本标准适用于林木种子生产者、经营管理者和使用者在种子采收、调运、播种、贮藏以及国内外贸易时所进行的种子质量的检验。

二、主要内容

本标准规定了造林绿化树种种子检验的抽样、净度分析、发芽测定、生活力测定、优良度测定、种子健康状况测定、含水量测定、重量测定以及X射线测定的原则和方法，还规定了质量检验证书的内容和格式。

第三节　主要造林树种苗木质量分级（GB6000－1999）

一、概　述

1985年，国家质量技术监督局发布了90个主要造林树种的苗木生产技术标准。1999年进行了修订并重新发布《主要造林树种苗木质量分级》，增加了19个树种，去掉了11个树种。本标准适用于植树造林用的露地培育的裸根苗木，不适用于容器苗和温室中培育的苗木。

二、主要内容

本标准共分四个部分，着重规定了苗木种类、苗龄、一批苗木、地径、苗高、根系长度和根幅、I级侧根、苗木新根生长数量的定义、分级要求和苗木等级、苗木的抽样检验方法等。本标准规范了绿化苗木等级，便于市场交易和监督管理。

第四节　育苗技术规程（GB6001—85）

一、概　述

本规程是林业部造林绿化和森林经营司发布，由中国林业科学研究院、林业科学研究所归口，适用于露地培育的供植树造林的苗木，不适用于供城市绿化和果树的苗木。国营苗圃必须贯彻执行，集体苗圃和个体育苗户可参照执行。部分地区和苗圃具有自己的育苗技术规程。

二、主要内容

本规程共分为13个部分，包括苗圃的建立、作业设计、土壤管理、施肥、作业方式、播种育苗、营养繁殖、移植育苗、苗期管理、灾害防除、苗木调查和出圃、科学实验、苗圃档案等一系列的育苗技术标准与规程，内容全面完整，对育苗生产具有十分重要的指导和实践意义。

第五节　城市绿化管理条例

一、概　述

为了促进城市绿化事业的发展，改善生态环境，美化生活环境，增进人民身心健康，国务院于1992年制定了本条例。本条例适用于在城市规划区内种植和养护树木花草等城市绿化的规划、建设、保护和管理。国务院设立全国绿化委员会，统一组织领导全国城乡绿化工作，其办公室设在国务院林业行政主管部门。本条例自1992年8月1日起施行。目前，城市绿化事业蓬勃发展，部分省、自治区、直辖市人民政府依照本条例制定了新的地方条例和实施办法。

二、主要内容

本条例共 5 章 34 条。第一章为总则,主要规定了本条例的目的、适用范围、执行对象和行政归属等内容。第二章为规划和建设,着重规定了城市绿化的主管部门、设计方法、施工要求等内容。第三章为保护和管理,着重规定了城市绿化的管理部门、绿地归属、古树名木的保护方法等内容。第四章为罚则,规定了城市绿化处罚的受权部门、对象、办法等内容。最后为第五章附则。

本章小结

> 产品质量是花卉生产的最终目标。《主要花卉产品等级》、《林木种子检验规程》、《主要造林树种苗木质量分级》、《育苗技术规程》、《城市绿化管理条例》规定了多种花卉商品的标准。

复习与思考

1. 《主要花卉产品等级》主要内容是什么?
2. 《林木种子检验规程》主要内容是什么?
3. 《主要造林树种苗木质量分级》主要内容是什么?
4. 《育苗技术规程》主要内容是什么?
5. 《城市绿化管理条例》主要内容是什么?

第七章

安全生产

> **学习目标**
> 掌握花卉生产相关的安全知识及安全防范措施。

第一节 花卉栽培设施安全使用知识

一、花卉栽培设施的使用特点

花卉栽培设施是指人为建造的适宜或保护不同类型的花卉正常生长发育的各种建筑及设备,主要包括温室、塑料大棚、冷床与温床、荫棚、风障、冷窖等。一般来说,大多数花卉栽培设施不如房屋等建筑牢固、稳定、长久和防火,安全系数比较低,但危险的程度不太高。设施种类繁多,使用特点各有不同,使用时要具体情况具体对待。

二、花卉栽培设施的安全使用方法

1. 简易设施　设计时首先要根据当地的气候考虑生产安全,然后再考虑栽培要求。平时要经常检查设施的陈旧程度和结构的变形等情况,及时维护,排除可能出现问题的隐患。使用时要清楚设施的特点,不能超过其负载能力,以免使用不当,造成危害。

2. 高档设施　由专业人员进行建造，结构上科学合理，但比较复杂。在使用前要接受专业人员的培训，认真阅读使用说明书。使用时按规范科学合理地进行操作，特别是具有电子、机械设备的设施。

第二节　安全用电知识

一、用电安全的基本原则

1. 防止电流经由身体的任何部位通过。
2. 限制可能流经人体的电流，使之小于电击电流。
3. 在故障情况下触及外露可导电部分时，可能引起流经人体的电流等于或大于电击电流时，能在规定的时间内自动断开电流。
4. 正常工作时的热效应防护，应使所在场所不会发生因地热或电弧引起可燃物燃烧或使人遭受灼伤的危险。

二、电击防护的基本措施

1. 直接接触防护应选用绝缘、屏护、安全距离、限制放电能量、24V及以下安全特低电压、用漏电保护器作补充保护或间接接触防护的一种或几种措施。
2. 间接接触防护应选用双重绝缘结构、安全特低电压、电气隔离、不接地的局部等电位连接、不导电场所、自动断开电源、电工用个体防护用品或保护接地（与其他防护措施配合使用）的一种或几种措施。

第三节　手动工具与机械设备的安全使用知识

一、主要手动工具的安全使用

使用工具人员，必须熟知工具的性能、特点、使用、保管、维修及保养方法。各种施工工具必须是正式厂家生产的合格产品。作业前必须对工具进行检查，严禁使用腐蚀、变形、松动、有故障、破损等不合格工具。工具在使用中不得进行高速修理。带有牙口、刃口尖锐的工具及转动部分应有防护装置。正确存放工具不仅能使它们经久耐用，而且还可以避免伤害发生。如果附近有小孩子，最好将小刀和其他危险工具放在上锁的箱子里，或者尽可能地将这些工具挂起来。悬挂大件工具时，一定要确认承挂件的结实程度。

二、主要机械设备的安全使用

1. 安全使用带电工具

在使用前，应该仔细阅读说明书。有一些工具使用不同的刀片，挑出正确的，并检查是否安装得当。在空气湿度大或潮湿的环境，不要使用电动园艺工具。工具的电源插头插在户外插座上，并确定插座与室内的断路开关连接在一起，而且应该使用三角插座。使用电动篱笆修剪器时，一定要用双手操作。不要修剪你看不清的地方，如果碰到了金属或其他坚硬的物体，反弹回来的碎片会伤到你。如果站在梯子上作业，在打开修剪器的开关前，一定要检查梯子是否结实，摆放是否稳当。

2. 安全使用割草机

在草坪修剪作业之前，先清除草坪上的杂物，如石块、碎砖、废弃的水管、棍棒等。使用手推式割草机，经过斜坡时，应使四个轮子全部着地，以防机器倾翻；使用坐骑式割草机，避免在坡度较大的斜坡上开动、停止或转弯。禁止在未关闭机器前检查、修理转动部件。不要将割草机或其他工具放在户外。如果没有工具房或车库，应在机具上覆盖一层防水油布或厚塑料布。

第四节 农药、肥料、化学药品的安全使用和保管知识

一、农药的安全使用和保管知识

农药除能杀虫、治病、除草处,对其他生物也有程度不等的毒害。因此,使用农药时应考虑到人、畜和其他有益生物的安全。通常所指的农药安全使用,主要是针对人、畜的安全而言。农药急性中毒事故,大都是由于误食、滥用、操作不当、对剧毒农药管理不严所引起。农药慢性中毒,主要是使用不当所造成。应针对这些中毒原因,制订出农药的安全使用和保管措施。

1. 严格遵守操作规程

配药或拌种要有专人负责。配药时,液剂要用量杯,粉剂则用秤称,按规定倍数稀释,不得任意提高使用浓度。拌种必须用工具搅拌,严禁与手接触。施药前,要检查和修理好配药和施药工具。施药人员,必须选择工作认真、身体健康、懂使用技术的成年人。小孩、体弱多病、患皮肤病或农药中毒治愈不久、怀孕、哺乳及经期的妇女应尽量少接触农药。使用剧毒农药时,必须穿长袖衣和长裤、戴口罩、禁止吃东西、抽烟和开玩笑。施药工具中途出现故障,要放气减压洗净后再修理。每天实际操作时间,不宜超过 6h,连续打药 3～5d 后,应换工一次。收工时,要用肥皂及时洗净手、脸,换洗衣裤等。凡接触过药剂的用具,应先用 5%～10% 碱水或石灰水浸泡,再用清水洗净。

2. 健全农药保管制度

农药要有专人、专仓或专柜保管,并须加锁,绝对不能和食物混放一室,更不能放在卧房。要有出入登记账簿。用过的空瓶、药袋要收回妥善处理,不得随意拿放,更不得盛装食物。施药的器具也要有明显的标记,不可随便乱用。如果发现药瓶上标签脱落,应随即补贴,以防误用。

二、肥料的安全使用和保管知识

1. 肥料的安全使用

根据优化配方施肥技术,科学合理施肥,推广有机肥和化肥配合使用,合理使用氮肥。肥料必须具有"三证"(生产许可证、肥料登记证、执行标准号)。所使用的商品肥料(包括微生物肥料)应符合有关国家标准、行业标准的要求;对于实行生产许可证、肥料登记证管理制度的肥料品种,必须使用获证企业的产品。有机肥要充分腐熟、发酵,重金属含量、卫生指标等要符合相关标准。禁止使用硝态氮肥、城市废弃物、泥肥和磁化肥料。混合使用肥料时要注意有的肥料可以混合,有的肥料却不能,还有的肥料混合后应立即使用,不可久放。

2. 肥料的保存

肥料要有专人保管,按品种分堆贮存,并贴上标签。存放地点要干燥阴凉,防火防爆,固定安全。肥料进出要有记录,谨防腐蚀和中毒。

三、其他常见化学药品的安全使用和保管知识

花卉生产中除了使用农药和化肥外,还需要用到一些化学药品。大部分化学药品都具有一定的毒性,有的还是易燃易爆危险品,因此必须了解一般化学药品的安全使用及保管方法。化学药品应放在贮藏室中,由专人保管。贮藏室应是朝北的房间,避免阳光照射使室温过高及试剂见光变质。需低温保存的药品应放在冰箱中。室内应干燥通风,严禁明火。危险物品应按国家公安部门的规定管理。配制的试剂溶液都应根据试剂的性质及用量盛装于有塞的试剂瓶中,见光易分解的试剂装入棕色瓶中,需滴加的试剂及指示剂装入瓶中,整齐排列于试剂架上。排列的方法可以按各分析项目所需试剂配套排列,指示剂可排列在小阶梯式的试剂架上。试剂瓶的标签大小应与瓶子大小相称,书写要工整,标签应贴在试剂瓶的中上部,上面刷一薄层蜡,以防腐蚀脱落。应经常擦拭试剂容器以保持清洁。过期失效的试剂应及时更换。

本章小结

安全是花卉生产的首要条件。花卉栽培设施、手动工具、机械设备、农药、肥料、化学药品等,要根据各自的特点合理、科学地使用,确保生产安全。

复习与思考

1. 如何安全使用花卉栽培设施?
2. 如何安全使用园艺手动工具?
3. 如何安全使用园艺带电工具?
4. 如何安全使用割草机?
5. 如何安全使用农药、肥料和化学药品?

三级 花卉园艺师 相关知识

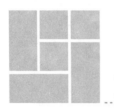

第一篇

花卉生产设施建设及设备使用

第一章

花卉生产设备

> **学习目标**
> 了解大型播种机的结构与功能,掌握大型播种机的操作与维护方法,熟悉常用测定仪器的使用。

第一节 大型播种机(线)的结构与功能

本章所介绍的大型播种机(线)是针对各种型号穴盘的工厂化育苗设备。它是通过传送带将填土、滚压、刷平、打孔、播种、覆盖和浇水等作业内容一体化完成的流水线机械设备。

图 3-1-1 大型播种机

一、播种线的组成

大型播种线包括主传送带、填土机、滚压桶、刷子、打孔器、播种器、覆盖斗、浇水通道，外加真空泵空压机和控制箱等9个部分组成。

二、部件功能

1. 主传送带

用来自动传送穴盘，使穴盘在通过各个组件时完成各项功能的设备，一般由电机提供动力，由齿轮、铁链传动。

2. 填土机

将调配好的专用基质由传送带从盛土斗中带出，倒入带有旋转风叶的圆筒，风叶将基质均匀打散到经过的穴盘里。

图 3-1-2　主传送带

图 3-1-3　填土机

图左：圆筒内有旋转风叶；图中：二次填土的深穴盘；图右：盛土斗

3. 滚压桶

填好土的穴盘内基质比较疏松需稍微滚压结实一些。

图 3-1-4 滚压筒

4. 刷子

将穴盘表面多余的基质除去，使其平整一致。

图 3-1-5 进入刷子前的穴盘　　　　图 3-1-6 通过刷子后的穴盘

5. 打孔器

表面带圆锥形钉的圆形滚筒，在电机带动滚动时锥形钉正好嵌入相应规格的穴盘孔穴中，调节滚筒的高低从而压成所需深浅的坑。

6. 播种器

是整个播种线最重要、最复杂的一个部分。通过真空泵产生空气负压将种子吸附在相应规格的小孔上，当一排排孔随滚筒转至朝下时，负压转换为空压机产生的正压将种子吹至穴盘孔穴内。

图 3-1-7　滚筒打孔器

图 3-1-8　播种器

7. 真空泵空压机

产生压缩空气，供播种器用。

图 3-1-9　真空泵

图 3-1-10　空压机

8. 覆盖斗

感应器（机械或光学类）控制漏斗开闭释放覆盖物，在穴盘通过时，铺上一定厚度的覆盖物。

9. 浇水通道

是播种线的最后一步，一般针对不同的类型有两套浇水体系，不需覆盖的种子用带喷头的微喷；覆盖的需水量大的种子用喷淋管。

10. 控制箱

控制各单元电源开关、主传送带速度调节、填土量大小调节、气压大小调节和紧急停止按钮。

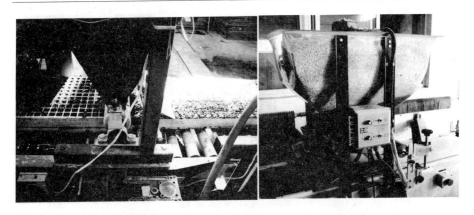

图 3-1-11　覆盖斗

图 3-1-12　浇水通道

第二节　常用测定仪器的种类及使用

花卉生产和科研等实际工作中，需要一些常用测定仪器：
1. 温度计

最高最低温度计用于记录环境的最低最高温度。将其悬挂在所测定的环境中，读取温度数以后，将刻度尺复位。

使用方法：应悬挂在室内空气流通的地方，观察温度时间，可视需要决定。在观察时记录指示针下端所指示的温度，观察后用磁铁吸引指示针使与两端水银柱接触。

保养注意事项：在使用、运输、贮藏时应竖直放置，勿使之受震，以免造成水银柱脱节。简易修复方法：如发现水银柱脱节，只需用手捏住木底板上端用力由上而下地甩动至水银柱衔接。同时注意勿使手指接触玻璃管而推动紧固件发生松动，影响温度准确性。

图 3-1-13　温度计

2. 湿度计

用于记录环境的空气相对湿度。在湿度计上直接读取数据。

3. pH 计

用于测定水与基质的酸碱度。现在常用的是便携式 pH 计，操作简单方便，反应迅速稳定。使用方法是，将底盖打开后插入被测液体溶液中，等读数稳定后读出测定值。使用完毕应清洗后保存。定期用标准液进行矫正。

4. EC 计

用于测定水与基质的离子含量。用法同 pH 计。

图 3-1-14　EC 计

图 3-1-15　测光仪

5. 测光仪

用于测定环境的光照强度。使用时应注意不同的测量档位，测定从高档位开始，逐步调整到低档位。

本章小结

现代化育苗工厂中的重要设备——大型播种线由主传送带、填土机、滚压桶、刷子、打孔器、播种器、覆盖斗、浇水通道,外加真空泵空压机和控制箱等9个部分组成,其中播种器是整个播种线最重要、最复杂的一个部分。花卉生产中常用的测定仪器有最高最低温度计、湿度计、pH计、EC计、测光仪,这些仪器帮助生产者及时调整管理措施,给花卉生长创造良好环境条件。

复习与思考

1. 大型播种线有哪几部分组成?各部件的功能是什么?
2. pH计和EC计的功能及使用方法?

第二章

绿化养护设备

> ☞ **学习目标**
>
> 了解绿化养护手工工具的种类和用途,熟练使用绿化养护手工工具和机械设备。

第一节 常用绿化养护机械设备的使用与维护

常用绿化养护机械设备包括园林灌溉机具、园林植保机具和草坪机具等。其中园林灌溉机具和园林植保机具的使用和维护在第一篇四级花卉园艺师第三章中已作说明,所以本节仅介绍常用草坪机具的使用与维护。

一、草坪机具

主要包括草坪修剪机和草坪打孔机等。

(一)草坪修剪机

草坪修剪机的种类很多,按配套动力和作业方式可分为手推式、手扶推行式、手扶自行式、驾乘式和拖拉机式等。按切割器形式可分为旋刀式、滚刀式、往复割刀式、甩刀式等。可根据不同类型的草坪、不同的修剪要求及作业面积选择不同类型的草坪修剪机。

旋刀式草坪修剪机大多用于对养护要求不高的草坪;滚刀式草坪修剪

机多用于地面平坦、修剪质量要求高、修剪量小的商用型草坪，如高尔夫球场；往复割刀式草坪修剪机割刀作往复运动，适用于切割粗茎草，工作效率较高，但往复惯性力大，修剪草茬不够整齐；甩刀式草坪修剪机，工作时甩刀在离心力作用下甩开，将草茎切断并抛向后方。适用于切割茎秆较粗的杂草；手推式草坪修剪机劳动强度大，工作效率低，仅适用于小面积草坪或家庭庭院使用；手扶推行式和手扶自行式草坪修剪机主要用于小面积庭院草坪和小块公共绿地的养护；坐骑式草坪修剪机由于工作效率高，修剪质量好，劳动强度低，操作舒适，一般用于较大块的公用绿地、运动场、高尔夫球场等大型草坪的修剪。

（二）草坪打孔机

草坪打孔机按机器的结构形式可分为手扶自行式、坐骑式和拖拉机悬挂牵引式等；按打孔刀具的运动方式分为滚动打孔式和垂直打孔式等。草坪打孔可以使草根通气，渗水，能改善地表排水，促进草根对地表营养的吸收。切断根茎和匍匐茎，刺激新的根茎生长。多数草坪需要按时进行打孔通气。

二、园林机具的使用和维护

（一）使用前培训

使用必须先对操作使用者进行培训。通过培训，使用者应熟悉机具的性能、参数、结构、基本工作原理、调整和维修保养等机械知识，还应该熟悉使用该机具进行作业的内容、适用范围及安全使用知识。

（二）作业前准备

使用前准备工作要细致认真。检查机具是否完好，有无故障。有故障应及时排除。检查刀刃是否锋利，钝刀要进行更换。严格按使用要求和说明书进行作业，作业过程中添加燃油或检查故障，一定要先停机。

（三）使用后保养

首先应将机器的外表擦拭干净，确定有无损坏。清除切削部件的堵塞杂物，并擦拭干净。检查各部件有无松动、损坏和碰伤、磨损。及时解决上述问题。按说明书要求加润滑油，进行维护保养。

本章小结

草坪机具主要包括草坪修剪机和草坪打孔机等,在草坪的维护中有重要作用。使用前必须先对使用者进行培训,准备工作要细致认真,使用后及时保养。

复习与思考

1. 草坪修剪时怎样选择修剪机具?
2. 草坪打孔机有何作用,常见那些类型?
3. 园林机具使用完毕后怎样维护?

第三章

园林苗圃的建设与管理

> **☞ 学习目标**
>
> 了解苗圃建设的基本要求和步骤，能对小型苗圃进行规划设置。

第一节　园林苗圃的选址

园林苗圃是城市园林绿化最基本、最重要的基础设施，没有园林苗圃就不能培育出供城市园林绿化用的优质苗木，城市园林绿化也就无从谈起。当然仅有一般的园林苗木还不够，还必须要有一定的质量、数量和更丰富多样的种和品种。一个城市园林绿化的水平，一定程度上取决于由其所属的园林苗圃所生产的苗木种类、质量和数量，否则，再好的设计也是"巧妇难为无米之炊"。由此可见，园林苗圃在城市园林绿化中具有非常重要的作用。

在城市规划工作中，通常多把园林苗圃建在城市郊区。根据城市的规模，需要建立多个苗圃时，根据城市对苗木的需求状况，可选择郊区的不同方位分别建立规模大小不同的数个（2~3个或3~5个）园林苗圃，以保证苗木的均衡供应和运输的方便。

园林苗圃的规模一般依所占土地面积的多少来划分。大型苗圃规划面积可达 $50hm^2$ 或更大，机械化作业程度高；中型苗圃面积 $20hm^2$ 左右，面积相对较小，但是便于管理，容易实现集约化经营；小型苗圃面积为3～5hm²。林业苗圃土地总面积为20hm²以上称为大型苗圃，7～20hm²为中型苗圃，7hm²以下为小型苗圃。一般可根据各个城市建设和发展的需要，规划建立不同规模（和数量）的大、中、小型的苗圃。

为了扩大苗木来源，也可以发动群众，支持、鼓励有条件的工矿、企业、机关、学校等建立微型小苗圃开展育苗活动，以满足不断扩大的城市园林建设的需要。

选作园林苗圃用地应具备的主要条件是：

（1）地势较高、平坦、坡度为0.1%～0.3%，排水好；

（2）最好是沙壤土，肥力较好，pH值为微酸至微碱性，地下水位距地表2～3m；

（3）有丰富的地下水或无污染的河，湖水可供灌溉利用；

（4）距城区较近，周围无污染源；

（5）具备有利的经营条件。如靠近公路、铁路等，有便利的交通条件；有电源；无产生不良气候因素（冰雹、霜冻、风口等）的气象条件等。

园林苗圃的位置确定以后，应对苗圃地的耕作状况、地形地势、植被、土壤、病虫害、水源及当地的风俗民情等进行深入细致的调查；向有关部门索取或绘制比例尺为1：500～2000、等高距为20～50cm的地形图；了解当地的气象资料，如年降雨量及其分布情况、最大一次降雨量及持续时间、年及各月的平均气温、绝对最高和最低气温、早霜期及晚霜期、冻土层的深度、主风方向及风力等。

第二节 园林苗圃的区划

为了便于开展各项育苗活动和对土地进行合理的开发利用，需要对苗圃用地进行统一的规划。

一、生产用地区划

各耕作区（或称作业区）的面积，可视生产经营的规模、地形地势的变化及机械化作业水平而定。大型苗圃，地形地势变化较小，机械化作业水平较低，耕作区的面积可小些，如 50～100m×40～50m。耕作区的方向应根据圃地的地形、坡向、主风方向等综合考虑。如圃地坡度较大时，从水土保持的角度出发，耕作区的长边即耕作方向应与等高线平行。确定苗行的方向要考虑苗木受光均匀和行间通风良好。通常，根据育苗生产的需要，可设以下耕作区：

1. 繁殖区

包括播种区和营养繁殖（扦插等）区。该区主要用于播种、扦插、嫁接等，这是园林苗圃中最重要的区域，直接影响整个苗圃的育苗工作。为此，在圃地中应选择最好的土地作为繁殖区。要求设在地势高燥、平坦、土质好、排灌方便，且又便于开展各项管理工作的位置。

2. 移植区

该区的主要任务是通过移植，把由繁殖区培育出来的 1～2 年生的幼苗，再培养 1～3 年，长成较大的苗木后，再移至大苗区进行培育或直接出圃。由于株行距的扩大，移植区的面积比繁殖区要相应扩大。移植区的位置最好靠近繁殖区。

3. 大苗区

该区是培育大规格苗木的区域。大苗区的特点是株行距大，占地面积多，培养出来的苗木规格大，根系发育完全，可以直接用于园林绿化。

4. 母树区

在正规的苗圃中，为了获得优良的种子、插条、接穗等繁殖材料，需要建立母树区。本区占地少，可利用土层深厚的零星地块。

对于有条件的苗圃，还可以建立引种驯化区、试验区、标本区、温床温室区等。

二、辅助用地的区划

苗圃的辅助用地主要包括道路系统、排灌系统、防护林带、管理区的房屋场地等。本区域是为生产服务的，要求既要能满足生产的需要，又要设计合理，减少用地。

1. 道路系统

苗圃中的道路是连接各耕作区与开展育苗工作有关的各类设施的动脉。一般设有一、二、三级道路和环路。一级路是主干道，以办公室、管理处为中心，宽 6~8m，其标高应高于耕作区 20cm。二级路宽 4m，三级路宽 2m。道路用地不应超过总面积的 7%～10%。

2. 排灌系统

灌溉系统由水源、提水设备和引水设施等组成。水源主要有地面水和地下水两类，包括河流、湖泊、池塘、水库、井水和泉水。提水设备多使用抽水机。引水设施包括沟渠和管道。沟渠和管道又可分为明（地面）、暗（地下）两种。

排水系统由大小不同的排水沟组成，分明沟和暗沟。约占总面积的 1%～5%。

3. 防护林带

一般小型苗圃与主风方向垂直设一条林带；中型苗圃在四周设置林带；大型苗圃除设置周围环圃林带外，并在圃内结合道路等设置与主风方向垂直的辅助林带。如有偏角，不应超过 30°。一般防护林防护范围是树高的 15～17 倍。防护林带占地面积一般为苗圃总面积的 5%～10%。

4. 建筑管理区

该区包括房屋建筑和圃内场院。前者包括办公室、食堂、宿舍、仓库、车棚等；后者包括劳动集散地、运动场、晒场和肥场。约占总面积的 1%～2%。

本章小结

园林苗圃是城市园林绿化最基本、最重要的基础设施。在城市规划工作中，通常多把园林苗圃建在城市郊区。苗圃用地分为生产用地和辅助用地，整体区划便于生产和管理。

复习与思考

1. 建立苗圃应怎样选择地址？
2. 苗圃生产区分哪些部分？
3. 苗圃辅助用地该如何设置？

第二篇

花卉的分类与识别

第一章

花卉的分类

> **学习目标**
>
> 掌握花卉原产地气候型分类知识，能按原产地气候型对花卉进行分类。

第一节 按花卉原产地气候型分类

一、中国气候型

又称大陆东岸气候型，中国的华北及华东地区属于这一气候。此气候型的气候特点是冬寒夏热，年温差较大。这一气候型又因冬季的气温高低不同，分为温暖型与冷凉型。

1. 温暖型

包括中国长江以南、日本西南部、北美洲东南部、巴西南部、大洋洲东部、非洲东南角附近等地区。原产这一气候型的著名花卉有：中国水仙、石蒜、百合、山茶、杜鹃、南天竹、中国石竹、报春、凤仙、矮牵牛、美女樱、半支莲、三角花、天人菊、马利筋、非洲菊、马蹄莲、唐菖蒲、一串红、猩猩草等。

2. 冷凉型

中国华北及东北南部、日本东北部、北美洲东北部等地区。原产的主要花卉有：菊花、芍药、翠菊、荷兰菊、吊钟柳、花毛茛、乌头、紫菀、鸢尾、醉鱼草等。

二、欧洲气候型

又称大陆西岸气候型。冬季气候温暖，夏季温度不高，一般不超过15～17℃。雨水四季均有，而西海岸地区雨量较少。原产的著名花卉有：三色堇、雏菊、银白草、矢车菊、霞草、喇叭水仙、勿忘草、紫罗兰、毛地黄、锦葵、剪秋罗、铃兰。

三、地中海气候型

以地中海沿岸气候为代表，自秋季至次年春末为降雨期，夏季极少降雨，为干燥期。冬季最低温度为6～7℃，夏季温度为20～25℃，因夏季气候干燥，多年生花卉常成球根形态。原产这些地区的花卉有：风信子、郁金香、水仙、仙客来、番红花、小苍兰、龙面花、天竺葵、花菱草、羽扇豆、香豌豆、金鱼草、金盏菊、君子兰、网球花等。

四、热带高原气候型

又称墨西哥气候型，见于热带及亚热带高山地区。周年温度近于14～17℃，温差小，降雨量因地区不同，有的雨量充沛均匀，也有的集中在夏季。原产这一气候型的花卉耐寒性较弱，喜夏季冷凉。主要花卉有：大丽花、晚香玉、百日草、万寿菊、一品红、球根秋海棠、藿香蓟、旱金莲、波斯菊等。

五、热带气候型

此气候型周年高温，温差小，有的地方年温差不到1℃。雨量大，分为雨季和旱季。热带气候型又可区分为两个地区：即亚洲、非洲、大洋洲和中美洲、南美洲。原产热带的花卉，在温带需要在温室内栽培，一年生草花可在露地无霜期栽培。主要花卉有：虎尾兰、蟆叶秋海棠、彩叶草、非洲紫罗兰、变叶木、红桑、花烛、长春花、大岩桐、美人蕉、竹芋、卡特兰、朱顶红等。

六、沙漠气候型

年降雨量很少,气候干旱,多为不毛之地。这些地区主要有多浆多肉类植物分布。如:芦荟、条纹十二卷、玉树、仙人掌、光棍树等。

七、寒带气候型

这一气候型地区,冬季漫长而严寒,夏季短促而凉爽。植物生长期只有2~3个月。夏季白天长,风大。植物低矮,生长缓慢,常成垫状。主要花卉有:细叶百合、绿绒蒿、龙胆、雪莲、点地梅。

本章小结

> 原产地是决定花卉习性的重要因素。通常将花卉原产地分为七个气候型,即①中国气候型;②欧洲气候型;③地中海气候型;④热带高原气候型;⑤热带气候型;⑥沙漠气候型;⑦寒带气候型。

复习与思考

1. 列出中国气候型中温暖型和冷凉型花卉各5种。
2. 描述地中海气候型的特点。

第二章

花卉的识别

> ☞ **学习目标**
>
> 识别常见花卉200种,能简述其形态特征、生态习性及观赏用途等。

第一节 一、二年生花卉的识别

（共45种,包括四级的30种）

1. 毛地黄（玄参科）

一年生草花,茎直立少分枝,株高60～100cm,全株密生短柔毛。叶粗糙、皱缩,基生叶具长柄,卵形至卵状披针形；茎上部叶柄短或无,长卵形,叶形由下至上渐小。总状花序,花冠钟状,花紫色,还有白、粉、深红等。花期6～8月。

适宜作花境的背景或作大型花坛的中心材料。

2. 风铃草（桔梗科）

一年生草花,高40～100cm,全株被细毛,

图 3-2-1 毛地黄

茎直立，多不分枝。叶互生、粗糙、卵状披针形，基生叶具长柄；茎上部叶半抱茎。花数个集生于上部叶腋，顶端更为密集，蓝色或白色，花冠钟状，花期5~9月。

花色淡雅，花似钟状，用于夏季花卉布置，常给人带来凉意，高型者常做花境及切花栽培，矮型多盆栽观赏。

图3-2-2 风铃草

图3-2-3 波斯菊

3. 波斯菊（菊科）

一年生草花，茎直立，具沟纹，分枝较多。叶对生，二回羽状深裂，裂片稀疏、线状。头状花序顶生或腋生。舌状花顶端有3浅裂，花冠白、粉红或紫红色，花期6~10月。

是布置花境和做背景的良好材料，还可作切花和花篱。

4. 矢车菊（菊科）

一年生草花，茎直立，株高20~40cm，分枝多，枝细长，全株被白色棉毛。叶互生、细长、条形、全缘，下部叶有疏齿或羽状分裂。头状花序顶生，蓝紫色，舌状花较大，漏斗状，管状花细小，筒状，全花呈放射状。花期6~8月。

可布置花坛、花境，也可丛植。

5. 蛇目菊（菊科）

一年生草花，株高90cm左右，全株光

图3-2-4 矢车菊

滑，上部多分枝，叶片二回羽状深裂，裂片线形或披针形，全缘。头状花序单生于枝端。舌状花先端三齿浅裂，花瓣8片，黄色，基部褐红色；管状花暗褐色，花期6~9月。

可丛植，自然散植或用于切花栽培。

图3-2-5　蛇目菊

图3-2-6　花菱草

6. 花菱草（罂粟科）

既可作春播，也可秋播，常作二年生草花，全株光滑无毛，茎叶灰绿色，具白粉和汁液，多分枝，铺散状生长，叶多基生，数回羽状全裂，裂片线形。花单生枝顶，具长梗，花瓣4，交叉对生，狭扇形，有白、深红、鲜黄等。花期4~7月。春播花期为10月。

可布置花坛，也可盆栽作切花。

7. 勿忘我（蓝雪科）

全株具粗毛，株高60~100cm。叶丛生于茎基部，呈莲座状，叶宽大，羽状裂，小裂片与弯凹处圆钝，顶端裂片具刚毛。伞房状聚伞圆锥花序，小花花萼杯状，干膜质，有蓝、白黄、紫等色。

是优良的切花花卉，种植面积逐年呈上升趋势。

8. 香雪球（十字花科）

植株矮小，多分枝而匍生。茎具疏

图3-2-7　勿忘我

毛，叶披针形或线形，全缘；总状花序，顶端花朵密集呈头状，花小，白或淡紫色，有淡香，花期6～10月。

花开时银白色一片，宜作小面积的地被花卉或露地花坛、花境边缘布置，也可供盆栽或窗饰。

图 3-2-8　香雪球

图 3-2-9　多叶羽扇豆

9. 多叶羽扇豆（豆科）

茎粗壮直立，高可达 150cm，叶多基生，掌状复叶，小叶披针形至倒披针形，表面光滑，叶背具粗毛。总状花序，有白、紫、深红、玫红及间色等。花期5～6月。

欧美等国多作花境背景、林缘丛植或切花生产。

10. 香豌豆（豆科）

全株被白色粗毛，茎有翼，羽状复叶，叶轴具翅，小叶1对，顶部小叶变为卷须，小叶卵状椭圆形，叶背微被白粉。总状花序腋生，花大蝶形，芳香，旗瓣宽大，花色丰富，萼钟状。花期3～6月。

冬春优良的切花。也是垂直绿化的良好材料，用以美化窗台、阳台、棚架等。矮生类可盆栽或用于花坛镶边。

11. 古代稀（柳叶菜科）

茎基部稍木质化，茎细，具分枝而

图 3-2-10　香豌豆

丛生，高 30～90cm，叶线形至披针形，花瓣 4 枚，粉、红或紫色，常具深斑于花瓣基部或中央。花期夏季。

是夏季美丽的花坛植物，矮生品种可盆栽悬挂。

图 3-2-11　古代稀　　　　　图 3-2-12　红叶甜菜

12. 红叶甜菜（藜科）

主根直生。叶丛生于根颈，长菱形，全缘、肥厚，有光泽，暗紫红色。花小、绿色，花期 6～7 月。

叶片整齐，红叶艳丽美观，初冬、早春露地观叶，常用于秋冬季花坛或花境内与羽衣甘蓝配合使用。也可盆栽观赏。

13. 五色苋（苋科）

株高 15～40cm，多分枝，叶对生，椭圆形或卵形。不同品种颜色对比强烈，待秋霜后叶色更为艳丽。

图 3-2-13　五色苋

优良的观叶植物,植株矮小,茂密耐修剪,叶色鲜艳,是布置毛毡花坛及立体花坛的好材料。

14. 雁来红（苋科）

葡萄牙国花。株高 80~100cm。茎直立而粗壮,少分枝,光滑,叶肥壮椭圆形至披针形,互生,暗紫色,秋季顶叶变成鲜红色,也有变成深黄色、橙色或绿紫色等。穗状花序密集成簇,腋生,花期 7~10 月。

生命力强,管理粗放。宜丛植,也可作花坛中心、花径背景材料,或美化院落角隅。

图 3-2-14　雁来红

15. 红花（菊科）

植株高 30~100cm,叶互生、质硬,卵状披针形,头状花序周围的叶片呈苞片状。小花筒状,红、橙、黄或白色。花期夏季。

用作花径、花境背景布置。

图 3-2-15　红花

第二节　多年生草本花卉的识别
（共 100 种,包括四级的 40 种）

1. 仙人指（仙人掌科）

形态与蟹爪兰相似,茎节边缘呈浅波状,只有刺点而锯齿不明显。花长 4~5.6cm,花期 3~4 月。

良好的冬季盆栽观花材料。

图 3-2-16 仙人指

图 3-2-17 令箭荷花

2. 令箭荷花（仙人掌科）

灌木状，主杆细圆。茎扁平、披针形、缘具疏锯齿，齿间有短刺。花着生在茎先端两侧，花色丰富。花呈钟状，花被开张而反卷。花白天开放，花期4月，单花可开1～2d。

优良的室内盆栽观花植物。

3. 昙花（仙人掌科）

茎稍木质、扁平叶状、有叉状分枝；老枝圆柱形，新枝长椭圆形，边缘波状无刺。花生于叶状枝的边缘，花萼筒状、红色，花重瓣、纯白色，瓣片披针形，花期夏季，晚8～9时开放，约7h凋谢。

图 3-2-18 昙花

优良的室内盆栽观花植物。

4. 荷包牡丹（罂粟科）

具肉质根状茎，株高30～60cm。叶对生，三出羽状复叶，似牡丹的叶片。总状花序顶生呈拱形，花下垂向一边，花瓣4枚，外侧2枚基部囊状，形似荷包，玫瑰红色，里面2枚较瘦长突出于外，粉红色。

图 3-2-19 荷包牡丹

花期4~6月。

适宜布置花境，或于山石前丛植。也可盆栽或作切花用。

5. 向日葵（菊科）

高60~150cm，根茎先端块状肥大。茎上部分枝、枝条有软毛或粗刚毛。叶薄，卵形至卵状披针形，缘有锯齿，三出脉，叶表有粗毛。花期7~9月。

宜栽植于花境或丛植。矮生种可用于花坛，多花性种适做切花栽培。

6. 火炬（花百合科）

叶自基部丛生，广线形，花茎高达1m，密穗状总状花序，上部花通常深红色，下部花黄色；小花稍下垂，花被长2.5~5cm，裂片半圆形，花期6~10月。

图3-2-20 向日葵

庭园中可栽植于草坪中或做背景。多花性种可做花境或切花栽培。

图3-2-21 火炬

图3-2-22 松果菊

7. 松果菊（菊科）

株高60~120cm，全株具糙毛。叶卵形至卵状披针形，边缘具疏浅锯齿。基生叶基部下延，茎生叶叶柄基部略抱茎。头状花序单生枝顶，革质，端尖刺状，舌状花一轮，淡粉、洋红至紫红色。中心管状花具光泽，呈深褐色，盛开时呈橙黄色，花期6~10月。

宜作花境、花坛中的材料，或丛植。水养持久，又是切花的良好材料。

8. 晚香玉（石蒜科）

地下部分具圆锥状的块茎。叶基生，带状披针形，茎生叶较短，愈向上愈短并呈苞状。穗状花序顶生，小花成对着生，花白色，漏斗状，具浓香。花期7月上旬至11月上旬，盛花期在8～9月间。

重要的切花材料，亦宜庭园中布置花坛或丛植、散植于石旁、路旁及草坪周围花灌丛间，是夜晚游人纳凉游憩地极好的布置材料。

图 3-2-23 晚香玉

图 3-2-24 红掌

9. 红掌（天南星科）

叶鲜绿色，长椭圆状心脏形，花梗超出叶片，佛焰苞宽心脏形，革质，表面波状，有光泽，鲜朱红色。肉穗花序长6cm，圆柱形直立，带黄色。环境适宜可周年开花。

重要的切花和盆花材料。

10. 海芋（天南星科）

株高可达1.5m。肉质根状茎粗壮。叶大，阔箭形。佛焰苞黄绿色。

是叶形及色彩俱佳的观叶花卉，适宜作会场、厅堂等室内装饰。

11. 吊竹梅（鸭跖草科）

常绿匍匐草本，茎叶稍多汁，枝叶下垂，叶片具紫色及灰白色条斑，背面紫红色，叶鞘有毛。花紫红色，夏季开放。

图 3-2-25 海芋

常盆栽作垂吊植物。适于美化卧室、书房，可吊在客厅的窗前或放在花架、橱顶任其枝叶垂吊下来。

图 3-2-26 吊竹梅

图 3-2-27 旱伞草

12. 旱伞草（莎草科）

无分枝，叶大而窄，聚生于茎顶，扩散成伞状。花淡紫色。花期7月。

是室内常见的观叶植物。除一般盆栽外，还可配制盆景。南方可露地栽植，适合溪流岸边、假山石隙点缀，具天然景趣。

13. 艳凤梨（凤梨科）

多年生常绿草本。株高可达1m，盆栽时较矮小。叶丛莲座状，质硬，弓形，黄绿色。叶缘有锐锯齿，叶背略有白粉。高出叶丛的顶生穗状花序密集成卵圆形，浆果橙红色。夏季成熟。

图 3-2-28 艳凤梨

是优良的室内观叶和观果植物，通常盆栽放在明亮的居室中欣赏。

14. 水塔凤梨（凤梨科）

株高50～60cm，莲座状叶丛，基部形成贮水叶筒，叶片肥厚，宽大，叶

图 3-2-29 水塔凤梨

缘有棕色小锯齿。穗状花序，直立，粗壮，自叶丛中伸出，花冠鲜红色，花瓣外卷，边缘带紫，花期6～10月。

是优良的室内观叶和观花植物。

15. 姬凤梨（凤梨科）

株高5～6cm，叶相互叠生，呈星状生长，叶缘波浪状，有小锯齿，叶色褐绿，叶背有白粉。花小，白色，花期6月。

可盆栽或附生于矮树旁，供案台或窗台陈设。

图 3-2-30　姬凤梨

图 3-2-31　萼凤梨

16. 萼凤梨（凤梨科）

莲座状叶丛榄绿色。叶面有横向银灰色条斑，叶背有白粉，缘有小锯齿。复穗状花序从叶丛中伸出，小花序扁平，观赏期4～5月。

是优良的室内观叶花卉。

17. 金苞花（爵床科）

亚灌木，株高30～50cm，多分枝。叶片椭圆形，亮绿色，有明显的叶脉。通常在每个枝条顶端产生巨大的花序，生有多数密集而发达的金黄色的苞片和洁白色的花，花序直立。

是优良的室内盆栽花卉，也可作为花坛用花，夏季栽植在露地，整个夏季可不断开花。

图 3-2-32　金苞花

18. 芦荟（百合科）

肉质草本，茎短，叶互生或螺旋状排列，肉质多汁，披针状剑形，先端下倾，反卷，背部凸出，呈粉绿色，表面有浅白色斑点，随叶片的生长白色斑点逐渐消失。总状花序，腋生，花黄色至红黄色。

常见的盆栽花卉。

图 3-2-33　芦荟

图 3-2-34　鹤望兰

19. 鹤望兰（旅人蕉科）

根粗壮肉质。茎不明显。叶对生，两侧排列，革质，长椭圆形或长椭圆状卵形，长约 40cm，叶柄比叶片长 2～3 倍，有沟。花梗与叶片等长。总苞片长约 15cm，绿色，边缘晕红，外花被片 3，橙黄色，内花被片 3、舌状、天蓝色。

大型盆栽花卉。适宜布置厅堂、门侧或做室内装饰。也是珍贵的切花。

20. 钓钟柳（玄参科）

茎直立而丛生，多分枝，梢部被腺质软毛。叶无柄，交互对生，卵状披针形至披针形，边缘有疏锯齿。圆锥花序长而狭，偏侧生，紫红、淡紫、粉红至白色，花期 7～10 月。

适于夏季庭院应用。或做花境、花坛布置。

图 3-2-35　钓钟柳

21. 艳山姜（姜科）

株高 2～4m，叶长圆状披针形或椭圆状披针形，光滑无毛，叶片二列状，具平行叶脉。穗状花序，顶端下垂，花白色有紫晕，花形似兰花。花极香。花期 5～6 月。

优美的观叶花卉，除盆栽观赏外，也可切花栽培。

图 3-2-36　艳山姜

图 3-2-37　白三叶

22. 白三叶（豆科）

匍匐茎无毛，长 30～70cm，叶自根颈或匍匐茎节长出，具细柄，小叶三枚，几无柄，端圆或凹陷，基部楔形，边缘具细锯齿，表面无毛，背面微有毛。总状花序，花白色，花期 4～6 月。

极好的地面覆盖材料。

23. 文殊兰（石蒜科）

常绿球根花卉，株高可达 1m。鳞茎长圆柱形。叶多数密生，在鳞茎顶端莲座状排列，条状披针形，边缘波状。花被片线形，花被筒细长，花白色，具芳香。花期 7～9 月。

宜作厅堂、会场布置。南方地区可在建筑物附近及路旁丛植。

图 3-2-38　文殊兰

24. 文竹（百合科）

根部稍肉质。茎细，圆柱形，绿色，丛生多分枝。叶状枝纤细，整个叶状枝平展呈羽毛状。叶小形鳞片状，主茎上鳞片叶多呈刺状。花小，白色，有香气。

常年可在室内摆设，是主要的盆栽花卉，也作切叶。

图 3-2-39 文竹

图 3-2-40 燕子掌

25. 燕子掌（景天科）

株高 80～100cm，茎粗壮多汁，多分枝。叶片倒卵形，肥厚多肉，紧密地对生于茎上。花小，白色至粉红色。

常见的多浆盆栽观赏花卉。

26. 玉树（景天科）

茎圆柱形，灰绿色，有节。叶对生，扁平，肉质，椭圆形，全缘，先端略尖，基部圆形抱茎。花红色。

宜作盆花，也与其他多浆花卉、山石配制作盆景。

27. 虎耳草（虎耳草科）

在植株的基部生出长短不一的匍匐状细茎，在细茎的顶端生有一至数个小植株。叶片基生，

图 3-2-41 玉树

近肾形，表面绿色，具有宽白色的网状脉纹，背面密布紫红色点，两面有长伏毛。圆锥花序，花稀疏，白色小花。

良好的盆栽花卉。

图 3-2-42　虎耳草

图 3-2-43　垂盆草

28. 垂盆草（景天科）

茎纤细，匍匐或倾斜，整株光滑无毛，近地面的茎节容易生根。叶3片轮生，倒披针形至长圆形，先端尖，花小，黄色。呈二歧分出的聚伞花序。7～9月开花。

是园林中较好的耐阴的地被植物。但因叶子不耐践踏，故只宜在封闭式绿地上或屋顶上种植。也可作盆景、花坛的材料。

29. 猪笼草（猪笼草科）

叶互生，长椭圆形，全缘，中脉延长为卷须，末端有一小叶笼，叶笼呈瓶状，瓶口边缘厚，上有小盖。通常以绿色为主，有褐色或红色的斑点和条纹，甚奇特美观。雌雄异株，总状花序。

是十分有趣的食虫植物，常作为室内观赏花卉栽培。在植物园或公园的温室中栽培比较普遍，常常与热带兰花放在同一温室中。

30. 假叶树（假叶树科）

根状茎横走，稍肉质，多节，黄色，

图 3-2-44　猪笼草

茎高20~70cm，绿色，有分枝。扁化的叶状枝绿色，革质，扁平，卵圆至披针形，具基出的弧形脉，尖呈短针状，叶退化成鳞片状。雌雄异株，花小，绿白色，生于叶状枝中脉的中下部。

宜作盆花栽培，华中地区常作花坛用植物。

图 3-2-45 假叶树

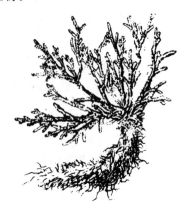

图 3-2-46 卷柏

31. 卷柏（莲座蕨科）

高5~15cm，主茎直立，顶端丛生小枝，小枝扇形分叉，辐射开展，干时内卷如拳。叶二型，侧叶披针状钻形，中叶两行，卵状披针形。孢子囊穗生于枝顶，四棱形。

适宜点缀假山、石隙中或作山石盆景。

32. 鹿角蕨（水龙骨科）

全株灰绿色。二型叶，一种叶不产生孢子，呈扁平的圆盾形，中部凸起，全缘或边缘波状浅裂，羊皮纸状，呈覆瓦状紧密地附生着在树干或其他支持物上；另一种叶能产生孢子，直立、伸展或下垂，顶部分叉，形似鹿角。

可作温室或室内悬挂植物，是重要的室内观叶花卉。

图 3-2-47 鹿角蕨

33. 翠云草（卷柏科）

匍匐蔓生草本。植株高30~60cm。茎纤细横走，节上生不定根，分枝向上伸展。小枝互生，羽状，叉状分枝。叶二型，排列成平面，背面深绿色，表面带碧蓝色。

宜作园林地被及装饰盆景、盆面的材料。

图 3-2-48　翠云草

图 3-2-49　凤尾蕨

34. 凤尾蕨（凤尾蕨科）

植株高 30～70cm，根状茎直立。叶二型，一回羽状复叶。羽片条形，上部羽片基部下延，在中轴两侧形成狭翅，下部羽片往往二到三叉。孢子囊沿叶边连续分布。

是室内垂吊盆栽观叶佳品，在园林中可露地栽种于阴湿的林缘岩下、石缝或墙根、屋角等处。

35. 合果芋（天南星科）

茎蔓生，节部有气生根。叶互生，幼叶箭形，淡绿色，老熟叶常 3 裂似鸡爪状深缺，色深绿，因此同一株中有时有两种形状不同的叶片存在。花佛焰苞状，里面白或玫红色，背面绿色。花期秋季。

多盆栽布置于室内，也可种植于荫蔽处的墙篱或花坛边缘供观赏。

36. 仙人掌（仙人掌科）

多肉植物，植株多分枝、基部木质化。
茎节扁平椭圆形、肥厚而绿色，刺窝处着生 1～2 条针。叶小、呈钻状而早

图 3-2-50　合果芋

落。花单生，鲜黄色。花期夏季。

宜盆栽观赏。在热带地区或庭植。也是热带温室中布置的常见植物。

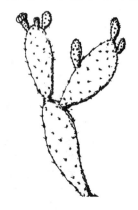

图 3-2-51 仙人掌

图 3-2-52 金琥

37. 金琥（仙人掌科）

茎圆球形，单生或成丛。球顶密被黄色绵毛。刺座很大，密生硬刺，刺金黄色，以后变淡或呈白色。6～10月开花，花着生在近顶部的绵毛丛中，钟形，黄色，花筒被尖鳞片。

宜盆栽，可培养成大型标本球，供植物园热带温室中布置。

38. 泽兰（菊科）

株高1～2m，上部被柔毛。叶椭圆形，对生，叶缘锯齿状，背面被柔毛。头状花序排成伞房状，花白微带紫色。花期秋季。

可作花境背景，丛植于篱旁、林缘、湖岸。

图 3-2-53 泽兰

图 3-2-54 耧斗菜

39. 耧斗菜（毛茛科）

茎高 40～80cm，具细柔毛。叶基生及茎生，叶端裂片阔楔形。花下垂（重瓣者近直立）。花萼 5 片形如花瓣。花瓣卵形，通常紫色，有时蓝白色。花期 5～7 月。

丛置于花坛、花境及岩石园中。植株较高的品种可作切花。

40. 蛇莓（蔷薇科）

有长匍匐茎，被柔毛。叶有长柄，小叶 3 枚，倒卵形或菱状长圆形，边缘具钝锯齿。花单生，黄色，花期 6～8 月。

宜栽在斜坡作地被植物。

图 3-2-55 蛇莓

图 3-2-56 百脉根

41. 百脉根（豆科）

植株高度 10～16cm，小叶卵形或倒卵形，基部圆楔形。花冠黄色，旗瓣宽卵圆形。

园林中用作平地、斜坡的开花地被植物，兼有绿化及保持水土作用。

42. 冷水花（荨麻科）

茎、叶多汁，平滑，多分枝。叶交互对生，卵状椭圆形，先端尖，叶缘有浅锯齿，叶面具光泽。

种类较多，叶片纹样美丽，是耐阴性

图 3-2-57 冷水花

强的一种室内观叶花卉。可用于室内盆栽或吊盆观赏,又是布置室内花园的地栽材料。在温暖地区也可作地被植物。

43. 中国水仙(石蒜科)

多年生单子叶草本植物。有球状鳞茎,由鳞茎盘及肥厚的肉质鳞片组成。叶片翠绿色,扁平带状,质软而厚,先端钝圆,面上有层霜粉,叶基有明显的环状突起。花枝由叶丛中抽出,伞形花序,有膜质佛焰苞紧包花蕾。常见品种有"金盏银台"、"玉玲珑"。花季春节前后。

图 3-2-58 中国水仙

作为"岁朝清供"的年花有悠久的历史。在温暖地带可散植在草地、树坛、景物边缘或布置花坛。

44. 雪钟花(石蒜科)

鳞茎球形,具黑褐色皮膜。株高 10～20cm,叶线形,粉绿色。花白色,外被片长 1.5～2.5cm,内被片长为前者的一半。花期 2～3 月。

最宜植于林下、坡地及草坪上;又宜作花丛、花境及假山石旁或岩石园布置。亦可供盆栽或切花用。

图 3-2-59 雪钟花　　　　　　图 3-2-60 铃兰

45. 铃兰(百合科)

株高 20～30cm,地下具横行而分枝的根状茎,茎端具肥大地下芽。叶

2～3枚基生而直立，长圆状卵圆形或椭圆形，端急尖，基部狭窄并下延呈鞘状互抱的叶柄，外面具数枚鞘状的膜质鳞片。花葶自鳞片腋内伸出，与叶近等高；总状花序顶端微弯且偏向一侧，花钟状，白色，具芳香。花期4～5月。

宜作林下或林缘地被植物或盆栽、切花，也常作花境、草坪、坡地及自然山石旁和岩石园的点缀。

46. 新几内亚凤仙（凤仙花科）

株高40～50cm，茎稍多汁，光滑无毛。叶片深绿色，长椭圆形，叶缘有锐锯齿。花色丰富，有红、白、粉以及复色等，色泽艳丽欢快，株型丰满圆整，四季开花，花期长。

广泛用于花坛布置、温室及家庭盆花栽植等。

图 3-2-61 新几内亚凤仙

47. 何氏凤仙（凤仙花科）

株高20～40cm，茎稍多汁，光滑无毛。叶片和茎干翠绿色，叶缘有锐锯齿。花大，只要环境适宜可周年开花。

在温室和家庭中常见盆栽观赏。也可作为夏季花坛用花。

图 3-2-62 何氏凤仙

图 3-2-63 小苍兰

48. 小苍兰（鸢尾科）

地下球茎圆锥形，外被棕褐色薄膜。茎纤细，有分枝，柔软，绿色。基生叶长剑形，全缘。穗状花序顶生，花小，具芳香。花被狭漏斗状。花期冬季。

是作切花与盆栽的优良材料。

49. 莲花掌（景天科）

无茎草本，根茎粗壮，有多数长丝状的气生根。叶蓝灰色，倒卵形或近圆形，先端圆钝近平截形，红色，无叶柄。总状单歧聚伞花序，花外面粉红或红色，里面黄色。花期6~8月。

宜作盆花、盆景，也可配植于花坛边缘或配作插花用。

图3-2-64　莲花掌

50. 富贵竹（百合科）

株高100cm左右，茎直立，每节基部常可以生根。叶片长20cm左右，有'金边'、'银边'等园艺品种。

图3-2-65　富贵竹

是良好的室内观叶植物。宜作盆栽观赏或进行水培。

51. 喇叭水仙（石蒜科）

鳞茎球形，径 2.4～4cm。叶扁平线形，长 20～30cm，灰绿色而光滑，端圆钝。花单生，径约 5cm，黄或淡黄色，稍具香气，副冠与花被片等长或稍长，钟形至喇叭状，边缘具不规则齿牙和皱褶。

图 3-2-66 喇叭水仙

适合散植于草皮中，镶嵌在假山石缝中，或布置在疏林下、花坛边缘。花枝可作花束、插花用。

52. 四季秋海棠（秋海棠科）

多年生常绿草本，具须根。茎直立，肉质，光滑。叶互生，有光泽，卵圆形至广椭圆形，边缘有锯齿，叶基部偏斜，绿色、古铜色或深红色。聚伞花序腋生，花单性，雌雄同株，花具白、粉和红等色。在适宜的温度下可四季开花。

是夏季花坛的重要材料，又是世界盆花销量较大的花卉之一。

图 3-2-67 四季秋海棠

图 3-2-68 枫叶秋海棠

53. 枫叶秋海棠（秋海棠科）

属于根茎类秋海棠。根茎粗大，密布红色长毛。叶有长柄，叶片圆形，有 5～9 狭裂，深达叶片中部。花小，白色或粉红色，花期秋冬季。

是优良的室内盆栽花卉。

54. 蟆叶秋海棠（秋海棠科）

无地上茎，地下具平卧的根状茎。叶基生，一侧偏斜，深绿色，表面有银白色斑纹，背面红色，叶脉与叶柄都有毛。秋冬开花，花淡红色，高出叶面。

叶片颜色、斑纹变化丰富，是优良的室内盆栽花卉。

图 3-2-69　蟆叶秋海棠

图 3-2-70　银星秋海棠

55. 银星秋海棠（秋海棠科）

属于须根类秋海棠。全株光滑，茎直立，多分枝。叶斜卵形，叶面绿色，嵌有稠密的银白色斑点，叶背紫红色。夏、秋开花，花淡红色。

宜盆栽，也可作切花观赏。

56. 球根秋海棠（秋海棠科）

地下部具不规则扁球形块茎，茎直立或铺散，有分枝，肉质，有毛。叶互生，多偏心脏状卵形，头锐尖，缘具齿牙或缘毛。总花梗腋生，花单性同株，花色丰富，花期夏秋。

是世界著名的夏秋盆栽花卉。用以装饰会议室、餐桌、案头皆宜。其多花品种，在北欧是重要的露地花坛和冬季温室内花坛的布置材料。

57. 网球花（石蒜科）

株高90cm。鳞茎扁球形。抽

图 3-2-71　球根秋海棠

生叶 3~6 枚，椭圆形至矩圆形，长达 30cm，全缘，叶柄短而呈鞘状。花葶先叶抽出，绿色带紫红斑点。圆球状伞形花序顶生，下有佛焰苞一轮，小花血红色。花期 5~9 月。

是室内装饰的珍贵盆花。

图 3-2-72　网球花

图 3-2-73　射干

58. 射干（鸢尾科）

宿根草本，株高 50~100cm，地下茎短而坚硬。叶剑形，扁平而扇状互生，被白粉。二歧状伞房花序顶生，花橙色至橘黄色，花期 7~8 月。

在园林中作基础栽植，及作花坛、花境等配置。也是切花、切叶的良好材料。

59. 石莲花（景天科）

小型多肉植物。茎直立，基生叶莲座状，匙状矩圆形，渐尖，肉质，干后有暗红色斑点；茎生叶与基生叶相似，但较狭小。伞房花序，花小，粉红色。开花后全株枯死。

宜作盆栽观赏，也可配置在花坛边缘或岩石园中。

60. 商陆（商陆科）

块根肥厚，圆锥形。茎粗大，直立，圆柱形，绿色。叶互生，叶片长椭圆形或卵状椭圆形，质柔嫩，全缘。总状花序，小花白色或淡红色。花期 6~8 月。

图 3-2-74　石莲花

宜在庭院中栽培,成片布置坡地和阴湿隙地,可取得较好的观赏效果。

图 3-2-75　商陆

第三节　木本花卉的识别

（共 50 种,包括四级的 28 种）

1. 叶子花（紫茉莉科）

攀援性灌木,无毛或稍有柔毛,茎木质有强刺。叶平滑有光泽,绿色,长椭圆状披针形或卵状长椭圆形,乃至阔卵形,基部楔形,全缘。花小,淡红色或黄色,3 朵簇生,有 3 枚大形的苞片,呈紫或红色。花期夏季。

是理想的垂直绿化材料,用于花架、拱门、墙面覆盖等。也适于栽植在河边、坡地作彩色的地被应用。

图 3-2-76　叶子花

2. 牡丹（毛茛科）

根系强大,肉质,粗而长,分枝少,须根也少。茎灰褐色,当年生枝光滑,黄褐色。叶大型,2 回三出羽状复叶。花单生枝顶,花大,花形、花色丰富。花期 4～5 月。

我国的传统名花之一,在城市各类绿地中广泛使用,并建有牡丹专类园。也是盆栽观赏的佳品。

图 3-2-77　牡丹

图 3-2-78　天竺葵

3. 天竺葵（牻牛儿苗科）

茎肉质，株高 30～60cm，通体被细毛。叶圆形乃至肾形，通常叶缘内有蹄纹，具鱼腥味。伞形花序顶生，花色丰富，除盛夏休眠外，只要环境适宜可开花不断。

是重要的盆栽花卉。

4. 吊钟海棠（倒挂金钟）（柳叶菜科）

盆栽高 20～50cm，老茎干木质化明显，叶对生或轮生，卵形或卵状披针形。花序生于枝条顶端或叶腋间，花萼瓣化呈钟形，白或红色，花瓣色彩丰富。

是冬春季重要的温室盆花，亦是常见的家庭室内花卉。

图 3-2-79　吊钟海棠（倒挂金钟）

5. 沙漠玫瑰（夹竹桃科）

茎部多浆无刺，主茎膨大呈筒形，枝条常不明显肥大；叶集生于枝条顶端，互生、全缘，稍肉质，具白色汁液，倒卵形或椭圆形，光滑或有密柔毛，在干旱季节常全部脱落。花粉红色或紫红色，外缘色泽较深，向中心渐浅，漏斗状，花期常不固定。

室内大中型盆栽佳品。

图 3-2-80 沙漠玫瑰

图 3-2-81 玳玳

6. 玳玳（芸香科）

常绿灌木，枝疏生短棘刺，嫩枝有棱角。树干皮绿色，有挥发性油腺物。叶互生，革质，椭圆形至卵状椭圆形，顶端渐尖，边缘有波状缺刻，基部楔形，脉纹明显。总状花序腋生，花白色，具浓香，花期5～6月。果实橙黄色，有浓香。

是室内优美的观果、观花盆栽花卉。

7. 佛手（芸香科）

枝梢有棱角，嫩枝带紫红色，有粗硬的短棘刺。叶互生，长圆形或卵状长圆形，先端圆钝或有凹缺，基部楔形，边缘有微锯齿。花色有白、紫之分。果实橙黄色，极为芳香，顶端分裂如拳或张开如指。一年开花多次，以夏季最盛。果期11～12月。

是名贵的冬季观果盆栽花木。

图 3-2-82 佛手

8. 南洋杉（南洋杉科）

树皮粗糙，呈横带状剥落。枝轮生、平展，小枝丛生在枝的先端部分。叶二型，幼树及侧枝上的叶螺旋状排列，披针形；老树及结果枝上的叶较短，锥形，密集成丛。雌雄异株。

作园景树或纪念群植，也常盆栽观赏。

图 3-2-83 南洋杉

图 3-2-84 含笑

9. 含笑（木兰科）

分枝紧密，树冠圆球形。芽、叶柄、花梗及小枝密生锈褐色绒毛。叶革质，倒针状椭圆形，表面深绿而有光泽。花单生叶腋，具香气，花被肉质，淡黄色而边缘具紫晕，花期3～5月。

配植于草坪边缘或疏林下，或于建筑物入口对植、窗前散植同，也常盆栽观赏。

10. 梅花（蔷薇科）

落叶乔木，常具枝刺。干呈褐紫色，多纵驳纹。小枝呈绿色或以绿色为底色。叶缘具细锐锯齿。花每节1～2朵，无梗，花色主要为粉红或白色，芳香，多在早春先叶开放。

是我国的传统名花之一，广泛用于园林、绿地、庭院、风景区中，也可在屋前、坡上、石际、路边自然配植。

图 3-2-85 梅花

11. 桃花（蔷薇科）

小枝褐色，光滑，芽并生，中间多为叶芽，两旁为花芽。叶椭圆状披针形，栽培品种花色丰富，花期3～4月。

可植于路旁、园隅或成丛成片植于山坡、溪畔，形成佳景。还宜盆栽或制作桩景及用于切花。

图 3-2-86 桃花

图 3-2-87 紫薇

12. 紫薇（千屈菜科）

树皮呈长薄片状，剥落后树干光滑，小枝略呈四棱形，常有狭翅。叶椭圆形至倒卵形。圆锥花序着生当年生枝端，花呈红、粉或白色等，边缘皱波状，花期7～10月。

可用于各类园林绿地中种植，也可用街道绿化。也可制作盆景。

13. 锦鸡儿（豆科）

树皮深褐色，小枝有棱，黄褐色。偶数羽状复叶，小叶2对，倒卵形或长圆状倒卵形。花单生叶腋，花冠黄色带红晕，旗瓣狭倒卵形。花期4～5月。

常制作盆景，或丛植于草地及配植于坡地、山石边。

图 3-2-88 锦鸡儿

图 3-2-89 紫藤

14. 紫藤（豆科）

落叶藤本，茎喜缠绕上升，皮浅灰褐色。奇数羽状复叶，互生，小叶7～13枚，幼时两面有白柔毛。总状花序生新枝顶端或叶腋，下垂，每一花序着生蝶形小花50～100朵，堇紫色至淡紫色，芳香，花期4～5月。

是优良的棚架、门廊、枯树、山石、墙面绿化材料。也可修剪呈灌木状在草地、溪边栽植。还可用于盆栽或制作桩景。

15. 小叶榕（桑科）

枝干上有许多下垂的气生根。叶革质、椭圆形，全缘或浅波状，光滑有光泽。隐头花序，花期5月。

在华南地区多作行道树及庭荫树栽植，也可制作盆景，用于室内装饰观赏。

图 3-2-90 小叶榕

16. 柽柳（柽柳科）

灌木状，树皮红褐色。小枝细长而下垂。叶互生，细小、鳞片状。总状花序集成顶生圆锥花序，花粉红色，花期4～8月。

常作桩景，也是绿化盐碱地和防风固沙的优良树种。

图 3-2-91　柽柳　　　　　　　　图 3-2-92　红背桂

17. 红背桂（大戟科）

常绿小灌木，多分枝。叶长椭圆形或矩圆形，边缘有疏细锯齿，表面深绿色，背面紫红色。花小，腋生，花期6～8月。

可盆栽布置厅堂、会场，暖地适于庭院屋隅、阶下及墙垣种植。

18. 米兰（楝科）

嫩枝常被星状锈色鳞片。奇数羽状复叶互生，小叶倒卵形至长椭圆形。圆锥花序腋生，小花黄色，形似小米，芳香，夏秋季开花。

是家庭养花受欢迎的花木，宜盆栽布置客厅、书房、门廊及阳台等。

图 3-2-93　米兰　　　　　　　　图 3-2-94　桂花

19. 桂花（木犀科）

树皮粗糙，灰褐色或灰白色。叶对生，椭圆形、卵形至披针形，全缘或上半部疏生细锯齿。花簇生叶腋或聚伞状，花小，黄白色，极芳香，花期9～10月。

园林中应用极为普遍，栽植方式多样，也可盆栽观赏或作瓶插。

20. 栀子花（茜草科）

枝干丛生，小枝绿色。叶对生或3叶轮生，通常椭圆状倒卵形或矩圆状倒卵形，全缘具光泽。花大白色，具浓香，单生枝顶，花冠高脚碟状，花期6～9月。

可成片丛植成花篱、或于疏林下、林缘、庭前散植，也可盆栽或制作盆景。还可用于襟花、胸花及簪花。

图3-2-95 栀子花

21. 凌霄（紫葳科）

借气生根攀援它物向上生长，皮灰褐色，呈细条状纵裂。叶对生，奇数羽状复叶，小叶7～9，顶生聚伞花序或圆锥花序。花漏斗状，外橘黄，内鲜红色，花期6～9月。

适用于攀附墙垣、假山、大树干、花架等。因花粉入眼易引起红肿，故不宜用于幼儿园和小学绿化。

图3-2-96 凌霄

图3-2-97 五色梅

22. 五色梅（马鞭草科）

枝四棱，叶对生，卵形或卵状长圆形，略皱。头状花序腋生，花冠黄、橙黄、粉红至深红色,花期6~10月。

北方地区常作盆栽观赏,暖地可在园林绿地中种植,植为花篱。

第四节　水生花卉的识别
（共6种,包括四级的4种）

1. 黄菖蒲（鸢尾科）

根茎短肥,植株高大健壮。叶长剑形达60~100cm,中肋明显,并且具横向网脉。花茎与叶近等长。垂瓣上部长椭圆形,基部近等宽,具褐色斑纹或无；旗瓣淡黄色。花期5~6月。

旱地、湿地均生长良好,水边栽植生长尤好。

图 3-2-98　黄菖蒲

图 3-2-99　花叶水葱

2. 花叶水葱（莎草科）

挺水植物,地下具粗壮而横走的根茎。地上茎直立,圆柱形,中空。粉绿色,茎面上有黄白斑点。叶褐色,鞘状,生于茎基部。聚伞花序顶生,小花淡黄褐色,花期6~8月。

常用于水面绿化或作岸边池旁点缀,也常作盆栽观赏。

本章小结

本章是与四级相衔接的,需要识别的种类较多。重点仍是了解其最佳观赏期(或花期)及用途。

复习与思考

1. 列出当地常见花卉10种,简述其形态特征及园林用途。
2. 概括仙人掌类植物的主要形态特征。
3. 列出秋海棠植物,并说明其主要用途。

第三篇

花卉种子（种苗、种球）生产

第一章

容器育苗

> ☞ **学习目标**
>
> 熟悉容器育苗的技术规程,掌握容器育苗的方法,能进行容器育苗的规模化生产。

第一节 容器育苗

用特定的容器培育植物的幼苗或成苗的繁殖方法称为容器育苗。容器育苗是一种先进、实用的育苗技术,它可以缩短育苗周期,节省育苗用种,节约育苗用地,移苗时不宜伤根,提高苗木存活率。近年来,容器育苗在各类苗圃中已被广泛采用。

一、容器

在大规模容器育苗中,依苗木的大小、生长速度快慢、育苗时间长短,选用相应规格的容器。常用的育苗容器有:

1. 塑料杯

用硬、软塑料制成,底部有孔若干个,一般高 8~12cm。直径 6~8cm,可多次使用。

2. 纸杯

通常用旧报纸粘合而成，高12cm、口径8cm。

3. 蜂窝状容器箱

是由数十个容器筒或容器罐组合在一起，不能拆开，质地大多采用塑料纸成，也有有泥炭的和硬纸的。蜂窝状容器箱搬运方便，可多次使用。

4. 穴盘

一般用塑料制成，穴盘的规格大致有以下几种：72穴盘（4cm×4cm×5.5cm/穴）、128穴盘（3cm×3cm×4.5cm/穴）、392穴盘（1.5cm×1.5cm×2.5cm/穴）、200穴盘（2.3cm×2.3cm×3.5cm/穴）、128穴盘（4cm×4cm×5.5cm/穴）等。穴盘生产商不同，所设计的穴盘规格也各有特色，也就是说，同样的128穴孔的穴盘，品牌不同，穴孔间的距离、穴孔的大小、深度、穴孔底部的排水孔、穴孔斜面的倾斜度、穴孔的形状、孔壁的厚度、穴盘的质地和整个盘面的大小等都会不一样。

图3-3-1 各种规格的塑料穴盘

二、基质

自然条件下，种子的发芽和植物生长都是在天然的土壤中进行的，但天然土壤的通气性、排水性及持水性常常不能很好地满足植物生长的需要。科学研究认为，植物生长最理想的基质应含有50%的固形物、25%的空气和25%的水分。容器育苗多用人工配制的基质，以求接近理想的状态。

1. 基质的特性

用于容器育苗的基质应具有以下特性：

（1）透气性、排水性好，同时持水能力也强。

（2）EC值低，且有足够的阳离子交换能力，能够持续提供植物生长所需要的各种元素。

(3) 配制基质的材料不含有毒物质，无病菌、害虫及杂草种子等。

(4) 尽可能达到或接近理想基质的固、气、液相标准。

2. 基质 pH 的调节。

基质 pH 因配制比例的不同以及土壤中营养液电解程度的不同而异，一般针叶苗木要求 pH4.5～5.5，阔叶苗木一般要求 pH6～8。为使基质营养土 pH 稳定，可是当加入缓冲溶液，如腐殖质酸钙、磷酸氢二钾等。

如果原基质配方 pH 不适应，可利用药剂加以调整。pH 值低时，可加碳酸钾、可性钠以及生理碱性肥料加以调整；pH 过高时，可加入磷酸和生理酸性肥料调整。

三、种子处理与播种

1. 种子处理

种子要经过调制和质量检验，确保没有病虫菌害。在播种前要根据种子的特性进行相应的催芽处理。

2. 播种

营养杯装填基质一般比杯口低 3～4cm，播种量一般每个营养杯小粒种子 5～6 粒、中粒种子 3～5 粒、大粒种子 2～3 粒，保证最后出苗每个营养杯 2 株以上，覆土厚度 1cm 左右。

播种后注意及时浇水，初期水要勤浇，保持杯内基质湿润，促进幼苗出土。随幼苗的生长，浇水量要逐步加大，在苗木全年生长的后期，要控制浇水，进行蹲苗，提高苗木的木质化和抗性。

四、容器苗的抚育管理

1. 覆盖

为减少水分蒸发，可用薄包片或塑料布等对容器苗进行覆盖。

2. 间苗

每个容器杯内选健壮的幼苗 1～2 株保留，其余的间除，最后保留一株。

3. 补苗

对缺苗的容器可结合间苗进行补苗。

4. 施肥

容器育苗的积肥是基质营养土，追肥可结合灌溉进行，前期一般以氮肥为主，后期一般以磷、钾肥为主。

第二节　工厂化容器育苗

工厂化容器育苗技术是指在人为控制的环境条件下，运用规范化的技术措施，采取工厂化管理手段，实现容器育苗操作机械化、生产过程自动化、工艺流程程序化，进行批量优质种苗生产的一种先进育苗方式。

工厂化容器育苗包括容器播种育苗工厂化和容器扦插育苗工厂化。工厂化播种育苗多应用于一二年生草花育苗，一般都是季节性生产，在温室、塑料大棚等设施内，用点播机（或播种线）、育苗盘等进行批量生产。容器扦插育苗多用于一品红、非洲凤仙等多年生花卉的批量育苗，一般在设施内用制钵机、独立容器或大规格穴盘进行扦插繁殖。现以穴盘播种育苗为例，介绍工厂化容器育苗的过程。

一、设施与设备

穴盘育苗是近几年发展起来的一种新的育苗方式，被广泛应用于花卉和花卉育苗。它是指用一种有很多小孔的（小孔呈上大下小的倒金字塔形）育苗盘，在小孔中盛装泥炭和蛭石等混合基质，然后在其中播种育苗，一孔育一苗的方法。依据植物种类的不同，可一次成苗或仅培育小苗供移苗用。

工厂化穴盘育苗需要播种车间、播种流水线、发芽室、控制室等设施设备，其中播种流水线是关键部位。播种流水线包括基质混合机、基质运输机、基质填充机、播种机、覆料机以及淋水机等。播种流水线中又以播种机最为重要。常用的播种机有全自动和半自动之分。全自动播种机，一切都按流水线操作，播种效率提高几十倍甚至几百倍，而且播种深度、压实程度、覆料的厚度一致性较好。半自动播种机必须人工操作，配合机器运转，可以节省50%的劳动力，甚至更高。

为种子的发芽提供最合适的环境条件的密闭空间，称为发芽室。发芽室内安装可自动控制种子发芽所需温度、湿度等的控制设备。发芽室的温度由自动调温器控制，湿度由喷雾系统来保持，光照由低压荧光灯来控制。发芽室的大小根据种苗生产的规模来配置。

现代种苗生产中，温室环境、生产过程、发芽环境都是由各种仪器设备来控制的。所有这些仪器设备的控制都统一在控制室内进行调控和管理。

二、播种与育苗

播种是种苗生产的第一步。从穴盘填装基质、播种、覆盖、镇压到浇水，整个播种过程既可以是播种流水线操作（这样播种速度快、效率高，适合资金足、生产量大的专业种苗生产企业），也可以人工操作其中的部分程序（适用于中小型种苗生产者）。

种子发芽除了种子本身的生活力外，还需要适宜的温度、湿度、光照和空气。已播种好的穴盘浇水后，可以直接放在苗床上发芽，也可以放在活动发芽架上推入发芽室发芽。发芽室的环境条件应根据不同品种的发芽特性进行调控。当胚根开始长出后必须3~4h观察一次，在最佳时期移出发芽室，以免幼苗徒长。特别提醒：发芽室管理中，应注意对光照的控制。根据种子萌发与光照的关系，可将种子分为中性种子、需光种子和嫌光种子。大多数种子为中性种子，即光照对种子萌发几乎无影响。秋海棠、非洲菊、洋桔梗、矮牵牛等为喜光种子，必须有光照才能发芽。仙客来、福禄考、长春花等为嫌光种子，在黑暗的环境下才能正常发芽。对喜光种子，播种后可以少覆盖或不覆盖；而对嫌光种子，播种后则必须覆盖，为种子萌发提供一个黑暗的环境。

在发芽室内发芽的种子，是在完全人工控制的发芽环境中萌发的。一旦移出发芽室进入温室，小苗对环境的变化十分敏感，生产管理要特别严格。尤其对刚移出发芽室至子叶完全展开、第一片真叶长出这段过渡期的温度、湿度和光照的管理比较严格。

育苗用营养液，依基质种类、育苗方式和植物种类等的不同有多种不同配方。穴盘育苗必须严格调控温度、光照、水分和营养，以培育壮苗。

本章小结

容器育苗是一种新技术，能经济有效地利用优良种子、缩短育苗周期、提高种苗成活率，容器育苗的关键技术是基质的选取、配制、播种及后期的管理。

复习与思考

1. 常见的容器种类有哪些？
2. 如何选择容器育苗的基质？
3. 如何进行容器育苗的抚育管理？

第二章

组培育苗

> ☞ **学习目标**
>
> 熟悉组培室消毒与灭菌的方法，掌握培养基的选择与配制技术，掌握接种与培养技术，了解污染产生的原因及控制方法。

第一节　植物组培室及其消毒灭菌

一、组培室

组培室按其功能可分为三部分：准备室、接种室、培养室。

（一）准备室

准备室一般分成两间，一间用作器具的洗涤、干燥、存放，蒸馏水的制备，培养基的配制、分装、包扎、高压灭菌等，同时兼顾试管苗的出瓶、清洗与整理工作；另一间用于药品的存放、天平的放置及各种药品的配制。

（二）接种室

也称无菌操作室，主要供材料的表面灭菌，无菌材料的继代转苗等。设备有超净工作台及无菌的接种工具。无菌室要求干爽安静，清洁明亮，使室内保持良好的无菌或低密度有菌状态。

（三）培养室

是培养试管苗的场所，温度要求一般在 25～27℃，为使室内的温度均衡一致，要安装自动调节温度设备，一般安装空调机。植物组织培养使用的光源以普通白色荧光灯为好，将光源设置在培养物的上方。培养室还要有培养装置，固体培养需要培养架，液体培养需用摇床或转床。

二、常用设备及器材

（一）准备室设备与器材

1. 天平

组培室中，应备有感量为 0.1g 的药物天平及 0.01g 的扭力天平和精密度为 0.0001g 的分析天平。其中药物天平和扭力天平用于大量元素、琼脂和蔗糖等的称量。万分之一分析天平用于植物激素、微量元素、维生素的称量。条件许可，可配置一台千分之一的电子读数天平，就可方便快捷地称取试剂。

2. 酸度计

共配制培养基时需要用酸度计来测定和调整培养基的 pH 值。也可用 pH 值为 5.0～7.0 的精密试纸来代替。

3. 蒸馏水器

植物组织培养所用蒸馏水可用金属蒸馏水器大批制备，重蒸馏水可用硬质玻璃双蒸馏水器制备，去离子水是用离子交换器制备的，成本低廉，但不能除去水中的有机物。

4. 烘箱或玻璃仪器烘干器

洗净后的玻璃器皿，如需迅速干燥，可放在烘箱内或玻璃仪器烘干器上烘干。

5. 电炉

供加热用。

6. 药品柜

供放置药品用。

7. 冰箱

用途有多方面，如试剂和母液的保存，试验材料的冷处理，种子和种质材料的冰冻贮藏。

8. 水槽

供洗涤玻璃器皿用。

9. 晾干架

供放置玻璃器皿用。

10. 废物桶

供暂时放置废弃物、污物用。

(二) 无菌操作设备与器材

包括超净工作台、高温高压蒸气灭菌锅和接种工具等。

1. 净工作台

一般由鼓风机、滤板、操作台、紫外光灯和照明灯等部分组成。根据风幕形成的方式，可分为垂直式和水平式两种。

2. 压蒸气灭菌锅

它是组织培养中最基本的设备之一。用于培养基、无菌水和接种器械的灭菌消毒等。目前有大型卧式、中型立式、小型手提式和电脑控制型等多种。

3. 接种工具

(1) 镊子　尖头镊子适合于用来解剖和分离叶表皮时用；枪形镊子，由于其腰部弯曲，适合用来转移外植体和培养物。

(2) 剪刀　有大、小解剖剪和弯头剪，适合剪取外植体材料。

(3) 解剖刀　有活动和固定两种。前者可以更换刀片，较适用于分离培养物；而后者则适用于较大外植体的解剖用。

(4) 酒精灯　用于金属接种工具的灭菌和在其火焰无菌圈内进行无菌操作。

(5) 双筒实体显微镜　多用于剥取植物茎尖。

(三) 培养设备

培养设备是指专为培养物创造适宜的光照、温度、湿度、气体等条件的设备，包括：

1. 空调机

供升温及降温用。

2. 定时器

供控制光照时间用。

3. 温度控制器

供恒温用。

4. 增湿机或去湿机

供改善培养室湿度用。

5. 培养架

供放置培养瓶用，培养架的框子用木制或三角铁制皆可，但应漆成白色或银灰色也可用铝合金制成。每层隔板可用玻璃或木板制成，但以玻璃板的光照效果好。

6. 摇床或旋转床

进行液体培养时用。

7. 日光灯

为试管苗提供光照用。有时，为了获得不同光质的光源，还需备有产生不同光质的滤光膜或滤光片。

8. 光照培养箱

供光照培养用，多用于外植体分化培养和试管苗生长用。

第二节 培养基的选择与配制

一、培养基的成分

用于植物组织培养的培养基迄今不下几十种。归纳起来，任何一种培养基均由以下几部分组成：无机盐（大量元素、微量元素），有机化合物（蔗糖、维生素类、氨基酸、核酸及其他水解化合物），铁盐螯合剂，植物激素。

植物激素对于组织培养的成功至关重要。常用的主要有两大类：细胞分裂素和生长素。当细胞分裂素浓度高，生长素浓度低则促进芽的分化和生长；反之则促进根的生长。所以要根据需要及时的更换激素的种类和浓度，才能有效的控制器官的分化和生长。细胞分裂素包括激动素（KT）、6－苄基氨基嘌呤（6－BA）、玉米素（ZT）。生长素包括吲哚乙酸（IAA）、吲哚丁酸（IBA）、萘乙酸（NAA）、2，4－D等。在组培中也经常使用赤霉素（GA3）、乙烯利（CEDP）及一些天然提取物。除此之外，香蕉、苹果、马铃薯等对植物的分化、生长效果非常好。

培养基中的糖主要使用蔗糖，少数情况下也可用葡萄糖。大批生产可使用食用蔗糖，效果很好。糖在培养基中的作用为碳源，同时用于维持渗透平衡。

琼脂在培养基中起支持作用，加入量一般为 6~8g/L。

二、培养基的配制

（一）母液的配制

组织培养用于生产实际中，有时培养基的用量很大，需一批一批地连续配制。为简化配制过程，提高工作效率，将各种所需药品先配制成高浓度溶液，贮备起来。在配制培养基时，按要求的浓度取一定量稀释即可。我们称这些高浓度的溶液为贮备液，习惯上称母液。

配制母液时，先将所有药品分成几组，每组药品制成一种母液。分组的原则是同组药品混合溶解时不会发生质的变化，也不发生沉淀。一般将药品分成 5 组：大量元素、微量元素、铁盐、有机化合物和植物激素。其中植物激素母液有若干种，每种激素都先制成 1mg/ml 的溶液。

母液制备过程中，有如下三点需要注意：

（1）药品称量要尽可能准确。大量元素用 1/1000 分析天平称取，而微量元素、有机物类、植物激素等则必须使用 1/10000 的分析天平。

（2）母液配制完毕注入试剂瓶以后，一定要标明母液的名称、序号、浓度和配制日期等。

（3）配制好的母液应放置在冰箱内保存，尤其是有机物和激素类。

生产中常用的培养基以 MS 培养基为主，现以 MS 培养基为例介绍培养基的成分组成和配方（见表 3.3.1）。

表 3.3.1　MS 培养基成分及母液配制

母液序号	母液名称	母液成分	浓度（g/L）	培养基中的用量（ml/L）
Ⅰ	大量元素	硝酸铵	33.0	50
		硝酸钾	38.0	
		氯化钙	8.8	
		硫酸镁	7.4	
		磷酸二氢钾	3.4	
Ⅱ	微量元素	碘化钾	0.166	5
		硼酸	1.24	
		硫酸镁	4.46	
		硫酸锌	2.72	
		钼酸钠	0.05	
		硫酸铜	0.005	
		氯化钴	0.005	
Ⅲ	铁盐	硫酸亚铁	2.78	10
		EDTA Na$_2$	3.73	
Ⅳ	有机物类	肌醇	20.0	5
		烟酸	0.1	
		盐酸吡哆醇	0.1	
		盐酸硫胺素	0.02	
		甘氨酸	0.4	

（二）培养基的配制

（1）将用于配制培养基的容器洗净，加入培养基总量 3/4 的蒸馏水，放入所需的琼脂，然后加热溶解。在加热过程中应注意不断地搅拌，以避免琼脂粘锅或溢出。

（2）待琼脂完全溶解后，加入蔗糖，使之溶解。按表中所列的顺序加入各贮备液以及所需的植物激素，搅拌均匀。如需添加其他物质，也应于此时一并加入。

（3）蒸馏水定容至所要求的体积。用 1mol/L 的 NaOH 或 HCL 调节 pH。

（4）用漏斗或下口杯将培养基注入三角瓶或试管内，注入量为瓶容积的 1/4 左右。分装动作要迅速，培养基冷却前应罐装完毕，且尽可能避免培养基粘在瓶壁上。

（5）用棉塞或塑料封口膜将瓶口或试管口封严。

三、培养基的消毒灭菌

(1) 将包扎好的三角瓶或试管放在高压灭菌锅内,于 $1.216×105pa$、121℃下灭菌 20min。灭菌时一定要注意,稳压前一定要将锅内的冷空气排干净,否则达不到高压灭菌的效果。

(2) 对于一些受热易于分解的物质,如维生素类,可采取过滤灭菌的方法。待培养基灭菌后,尚未冷却前(40℃左右),加入并摇匀。

第三节 接种与培养

一、培养材料的选择与表面灭菌

1. 培养材料的选择

从田间采回的准备接种的材料称为外植体。对外植体进行表面灭菌获得无菌材料,是组培成功与否的重要环节。

组织培养所选用的外植体,一般取植物的茎尖、侧芽、叶片、叶柄、花瓣、花萼、胚轴、鳞茎、根茎、花粉粒、花药等器官。到田间取材时,一般应准备塑料袋、锋利的刀剪、标签、笔等。取材时间应选在晴天上午 10 时以后,阴雨天不宜。同时应尽量选择离开表土、老嫩适中的材料。要从健壮无病的植株上选取外植体。

2. 表面灭菌

外植体的表面灭菌包括预处理和接种前的灭菌。方法是:先将外植体多余的部分去掉,并用软刷清除表面泥土、灰尘。然后将材料剪成小块或段,放入烧杯中,用干净纱布将杯口封住扎紧,将烧杯置于水龙头下,让流水通过纱布,冲洗杯中的材料,连续冲洗 2h 以上。比较难以把握的是接种前的灭菌,既要选择合适的灭菌剂和浓度,又要掌握好灭菌时间;既要彻底杀灭材料所携带的微生物,又不将活材料杀死。通常的做法是,先用 70% 的酒精浸泡材料 30s,然后再用 0.1% 的升汞溶液浸泡 3~10min,取出后用无菌水冲洗 3~5 遍。

二、接　种

接种是组织培养过程中易于污染的一个环节，接种操作必须在无菌条件下进行。操作要领如下：

（1）每次接种或继代繁殖前，应提前 30min 打开接种室和超净工作台上的紫外线灯，照射 20min，然后打开超净工作台的风机，吹风 10min。

（2）操作人员进入接种室前，用肥皂和清水将手洗干净，换上经过消毒的工作服和拖鞋，并戴上工作帽和口罩。

（3）开始接种前，用 70% 的酒精棉球仔细擦拭手和超净工作台面。

（4）准备一个灭过菌的培养皿或不锈钢盘，内放经过高压灭菌的滤纸片。解剖刀、医用剪子、镊子、解剖针等用具应预先浸在 95% 的酒精溶液内，置于超净工作台的右侧。每个台位至少备 4 把解剖刀和镊子，轮流使用。

（5）接种前先点燃酒精灯，然后将解剖刀、镊子、剪子等在火焰上方灼烧后，晾于架上备用。

（6）在备好的培养皿内的滤纸上切割外植体至合适的大小。

（7）将三角瓶或试管倾斜拿住，打开瓶盖前，先在酒精灯火焰上方烤一下瓶口，然后打开瓶盖，并尽快将外植体接种到培养基上。注意，材料一定要嵌入培养基，而不要只是放在培养基的表面上。盖住瓶盖以前，再在火焰上方烤一下，然后盖紧瓶盖。

（8）每切一次材料，解剖刀、镊子等都要重新放回酒精内浸泡，并取出灼烧后，斜放在支架上面晾凉。

（9）切记，无论是打开瓶盖（塞），还是接种材料，或盖紧瓶盖，所有这些操作，均应严格保持瓶口在操作台面以内，且不远离酒精灯。

除上述常规操作步骤以外，对于新建的组织培养室首次使用以前，必须进行彻底的擦洗和灭菌。先将所有的角落擦洗干净，然后用福尔马林或高锰酸钾灭菌，其后再用紫外灯照射。

三、培　养

1. 初代培养

也称诱导培养，一般为液体培养。组培目的不同，选用的培养基成分不同，诱导分化的作用不一样。培养初期，培养组织放到转速为 1r/min 或

2r/min 的摇床上晃动，首先产生愈伤组织，当愈伤组织长到 0.5～1.5cm 时再转入固体分化培养基，给光培养，再分化出不定芽。

2. 继代培养

在初代培养的基础上所获得的芽、胚状体、原球茎等材料，叫做中间繁殖体。中间繁殖体的数量较少，个体较小，应通过调整培养基配方，扩大中间繁殖体的数量，这个过程称继代培养。培养物在良好的环境条件、营养供应和激素调节下，排除与其他生物竞争，能够按几何级数增殖。一般情况下，一月内增殖 2～3 倍，如果不污染又及时转接继代，能从 1 株生长繁殖材料，将它分接为 3 株，经过 1 月时间培养，这 3 株材料各自再分接 3 株，共 9 株，第二个月末获 27 株。依次为计算，只要 6 个月即可增殖出 2187 株。这个阶段就是快速繁殖大量增殖的阶段。

3. 生根培养

切取 3cm 左右的无根嫩茎，茎上部具有 3～5 个叶片，转接到 1/2MS＋NAA（或 IBA）0.1mg/L 的培养基上，约经 2 周试管苗长出 1～5 条白色的根，并逐渐伸长并长出侧根和根毛。在上述培养基中加入 300mg/L 活性炭，效果更好。

四、组培苗的炼苗与移栽

试管苗出瓶前需先打开瓶盖，锻炼 1～3d，提高它们对病菌和外界环境条件的各种不良因素的抵抗力。幼苗出瓶时，要用镊子轻轻取出，不可过猛，否则易损伤幼苗茎部和根部。取出后用温水轻轻将根部残存的培养基洗净，不然易引起微生物污染，导致根茎腐烂。

试管苗移栽在炼苗基质中。炼苗基质宜选用透气性好，保水力强的基质。基质以河沙、蛭石、珍珠岩等为好。移栽前将基质压平，用喷雾器喷透水，待水渗透后进行移栽。栽时用细木棍在基质上扎一个小穴，将苗放入栽好，再喷一遍透水。

炼苗后 7d 内，保持 90% 以上的空气湿度，7d 后逐步降低空气湿度使之接近自然湿度。温度保持在 23～28℃，光照不易过强，适当通风，每隔 7～10d 喷一次 50 倍的 MS 稀释液和 1000 倍的多菌灵、百菌清等杀菌剂。

经 2～3 周，根系扩大，茎叶生长后，移栽室外上盆或温室栽培。

本章小结

> 组培育苗是一种育苗新技术，是实现花卉种苗快速繁殖的重要手段。熟悉组培室的结构和仪器设备，掌握消毒灭菌方法、培养基的选择配制技术与程序，熟练掌握接种、培养、炼苗技术是进行组培育苗的基本要求。

复习与思考

1. 如何进行培养基的配制？
2. 简述接种的技术要领？
3. 如何进行培养基和接种材料的灭菌？

第三章

花卉引种驯化

> ☞ **学习目标**
> 　　了解花卉引种与驯化的意义及影响引种驯化成败的因素，熟悉花卉引种与驯化的概念，掌握花卉引种与驯化的程序及引种后栽培管理技术。了解田间试验的基本原则，熟悉小区设置，能进行田间试验。

第一节　花卉引种与驯化

一、引种、驯化的概念

引种是指把花卉从原来的自然分布区引入到其自然分布区以外的地区进行栽培的方法。花卉引种到新地区以后，如果原产地与引种地的自然条件基本相似，或由于引种花卉适应范围较广，以致花卉并不需要改变它的遗传性，或只需采取简单的措施就能适应新的环境，并能正常生长发育，这种情况一般属于简单的引种。如果花卉原分布区和引种地区的自然条件差别较大，或引种花卉的适应范围较窄，只有通过采取人工措施改变引种花卉的遗传特性，才能适应新的环境，这种情况下的引种，称为驯化。

二、引种驯化的意义

引种驯化是迅速而经济地丰富花卉的一种有效方法，与创造新品种比较起来，它所需要的时间短，见效快，节省人力物力。我国花卉的引种遍及世界各地。木本植物有来自日本的龙柏、黑松、赤松、日本五针松、日本晚樱、鸡爪槭等；来自北美的有香柏、广玉兰、北美鹅掌楸等；来自印度的有雪松、印度橡胶等；来自地中海的有月桂、油橄榄等。草本花卉来自美洲的有藿香菊、蒲包花、波斯菊、蛇目菊、银边翠、千日红、紫茉莉、矮牵牛、半支莲、茑萝、一串红、万寿菊、美女樱、大丽菊、晚香玉、仙人掌科多肉多浆植物等；来自欧洲的有金鱼草、雏菊、矢车菊、桂竹香、香石竹、三色堇、金盏菊等；来自亚洲的有鸡冠花、雁来红、曼陀罗等；来自大洋洲的有麦秆菊；来自非洲的有天竺葵、马蹄莲、唐菖蒲、小苍兰等。我国花卉种质资源丰富多彩，中国原产的木本花卉植物达 7500 种以上，仅云南省园林观赏植物就达 2040 种，其中杜鹃花科、兰科、报春花科、龙胆科均超过 100 种以上。为此，世界各国竞相引种，如美国从我国引种去的乔灌木达 1500 种以上，而美国本土树种仅 750 种；英国收集我国杜鹃花属植物 190 多个原种，引种报春花属植物 130 多个种，从这些原种培育出的园艺品种数以千计。因此积极开展花卉的引种驯化工作，对我国的花卉生产和发展具有重要意义。

三、影响引种驯化成败的因素

（一）生态环境

一般来说，从生态环境条件相似的地区引种容易获得成功。一二年生草花，由于生长季节短，虽然各地自然条件不同，但通过调整生长期，改进栽培措施，完全可能将热带、亚热带的植物引种到温带，甚至寒带栽培。多年生木本花卉，它不仅必须经受栽培地区全年各种生态条件的考验，而且还要经受不同年份生态条件变化的考验，因此，引种不同气候带的花卉，特别要注意了解其原产地的生态条件。

（二）主导生态因子

在综合生态因子中，总是有某一个生态因子起主导决定性作用。因此，找到影响引种植物适应性的主导因子，对引种成败极为关键。对花卉引种影响较大的主要生态因子有温度、日照、降水和湿度、土壤酸碱度及土壤结构等。

1. 温度

温度对植物的分布、生长发育起着重要作用。在引种时首先应考虑年平均温度、最高、最低温度、季节交替特点等等。

有些花卉的引种，从原产地与引种地区的平均温度来看是可能成功的，但最高最低温度却成了限制因子。如1977年的严寒，使广西南宁市胸径超过30cm的非洲桃花心木全部冻死，凤凰木也大部分冻死。

2. 日照

纬度不同，光照时间、光照质量不一样，一般纬度由高到低，生长季日照时间由长变短；相反，纬度由低到高，生长季的光照由短变长。在我国，北树南移时，由于日照时间缩短，大多数树木往往提早封顶，缩短了生长期，窒息了树木正常的生命活动，而且南方夏天酷热，将会导致树木死亡。但有时北树南移反而延长了生长期，造成二次生长，由于二次生长木质化程度低，易遭受冻害。南树北移，由于日照时间延长，秋季来临时，有些南方树继续生长，易被冻死。

3. 降水和湿度

降雨量和空气湿度在不同地区相差悬殊。我国自东南向西北降雨量逐渐减少，据中国科学院北京植物园观察，许多南方树种在北京不是在最冷的时候冻死，而是在初春干风袭击下因生理脱水而死。

4. 土壤

土壤酸碱性、土壤微生物对引种的成败也具有一定的影响。根据植物对土壤酸碱度的要求不同可分为酸性植物（如马尾松、油桐、杜鹃、棕榈等）、中性植物（大多数花卉）、碱性植物（如柽柳、沙棘、桂香柳等）。引种时，若两地的土壤酸碱度差异较大时，常使植物生长不良，导致引种失败。土壤微生物和植物的生长有着密切的关系。有些树种的根部组织与菌类共生，成为树木生长发育的必要条件。

5. 历史生态条件

植物适应能力的大小，不仅与当前分布区的生态条件有关，还与系统发育中历史上的生态条件有关。如水杉在历史上广泛分布于欧洲、美洲等地，在历史上曾有广泛的适应范围，在我国发现后，欧、美许多国家都进行了引种，并且生长良好；而华北地区广泛分布的油松，当引种到欧洲各国时却屡遭失败，主要因为油松在历史上的分布区范围比较窄。

6. 生态类型

一般来说，地理位置上距离较近，其生态条件的总体差异也就较小，引种成功的可能性就大。同一种植物如果长期生活在截然不同的生态环境中，常常形成不同的生态类型。所谓生态类型是植物在特定环境的影响下，形成对某些生态因子的特定需要和适应能力。它们可能在生物学特性、形态特征与解剖结构上各具特点，而表现出不相同的抗寒性、抗旱性、抗涝性、抗病虫性等。假如我们向冬春干旱、寒冷的北京地区引种某一植物，而该种植物在不同的分布区内有着偏旱和偏湿生态型，那么引种该植物的偏旱生态型更容易成功。

四、引种程序

（一）引种材料的收集

引种前要查阅有关研究资料，借鉴前人的经验教训，制定引种计划。根据引种目标、引种原理，确定引进的植物种类。通过交换、购买、赠送或考察收集的方式获取引种材料。对引进的花卉，要严格检验，并登记编号，以便日后查对，避免混乱。对于收到的每种材料，只要地方不同，或收到的时间不同，都要分别登记。登记的主要内容包括：种类、品种名称，材料来源和数量，繁殖材料种类（插穗、球茎、种子、苗木等），寄送单位和人员，收到日期及收到后采取的处理措施等。同时也要及时把引入该种类的植物学性状、经济性状、观赏性状、原产地风土条件等记载说明列入档案。

（二）种苗检疫

引种是传播病虫害和杂草的一个重要途径，国内外在这方面都有许多严重的教训。如在引进唐菖蒲种球时，将唐菖蒲枯萎叶斑病传入深圳，造成了严重的损失。因此，引种时，必须对引进的植物材料进行严格的检疫。

（三）引种试验

引种首先要进行实验，俗话说："引种不实验，空地一大片"。这说明新引进的品种在推广之前，必须先进行引种试验，以确定其优劣和适应性。

一般进行引种时，应尽可能从若干个种源的产区对同一引入种（品种）取样，每个品种材料数量最初可以少一些，经过一二年的试种，初步肯定有希望的品种，进一步参加比较实验，切不可根据一些引种原理和方法，一开始即引入大量材料种植，以面遭受意外损失。为了加速引种的过程，可选择有代表性的地点，利用各种小气候进行多点试验，如将引进的品种栽植在山的不同坡向、不同海拔高度等。

（四）评价试验

通过观察鉴定将表现优良的生态型繁殖一定的数量，参加比较试验和区域化试验，进一步作更精确的鉴定，淘汰不适合进一步试验的种类。比较试验的土壤条件必须一致，管理措施力求一致，试验应采用完全随机排列，并设置重复。试验时应以当地有代表性的良种作对照，试验的时间依植物种类而定，草本植物试验时间可短一些，乔灌木、宿根花卉试验时间可长一些。区域化试验是在完成或基本完成品种比较试验的条件下进行的。目的是为了查明适于引进植物的推广范围。因此，需要把在少数地区进行品种试验的初步成果，拿到更大的范围和更多的试验点上栽培。在试验过程中要建立技术档案，详细记载各项技术措施的执行情况和效果。比较试验和区域试验结果，应进行鉴定和评价，主要目的是确认该引种植物优良性状、推广价值（观赏价值、经济价值）、推广范围、潜在用途、有否病虫害等。

（五）推广应用

经过专家鉴定有推广价值的引种植物材料要遵循良种繁育制度，采取各种措施加快繁育，使引种试验成果产生经济效益、社会效益和生态效益。为提高效率可采用现代化技术加速良种繁殖、节约繁殖材料、缩短繁殖周期、增加繁殖系数，使引种材料在生产中迅速推广。

五、引种栽培技术

引种时必须注意栽培技术的配合，因为有时外地品种虽然能适应当地的环境条件，但由于栽培技术没有及时跟上以致错误地否定了该品种在引种上的价值。常用的栽培技术主要有以下几方面：

（一）播种期和栽植密度

植物从南向北引种时，可适当延期播种，这样可减少植物的生长量，增强植物组织的充实度,提高抗寒能力。反之,由北向南引种时,可提早播种以增加植株在长日照下的生长期和生长量。在栽植密度上,可适当密植,使植株形成相互保护的群体,以提高由南向北引种植物的抗寒性。当从北向南引种时,则要适当增大株行距,以利于植物生长。

(二) 肥水管理

从南向北引种,在苗木生长季后期,应适当控制植株生长,少施氮肥,适当增加磷肥、钾肥,减少灌水次数和灌水量,促进枝条木质化,从而提高植物的抗寒性。当从北向南引种时,为了延迟植株的封顶时间,提高越夏能力,应该多施氮肥,增加灌溉次数。

(三) 光照处理

对于从南向北引种的植物,苗期早、晚应遮光,进行 8~10h 短日照处理,可使植物提前形成顶芽,缩短生长期,增强越冬抗寒能力。而对从北向南引种的植物,可采用长日照处理以延长植物生长期,从而提高生长量,增强越夏抗热能力。

(四) 土壤 pH 值

生长在南方酸性土壤上的植物,北移时可选山林隙地微酸性土壤试种。一些对 pH 值反应敏感的花木,如栀子、茉莉、桂花等,可适当浇含有硫酸亚铁螯合物等的酸性水,或多施有机肥,从而改良北方碱性土壤,以适应其生长。从北向南引种时,对于适生于碱性土壤上的植物移栽到南方酸性土壤上,可适当施一些生石灰以改变南方土壤的 pH 值,保护植物正常生长。

(五) 防寒、遮荫

对于从南向北引种的植物,在苗木生长的第一、二年的冬季要适当地进行防寒保护。例如可设置风障,根部树干基部培土、覆草等,使幼苗、幼树安全越冬。而对于由北向南引种的植物,可在夏季搭荫棚,给予适当的遮荫,以使其安全越夏。

(六) 种子的特殊处理

在种子萌动时,进行低温、高温或变温处理,可促使种子萌芽。在种子萌动以后给以干燥处理,有利于增强植物的抗旱能力。

(七) 引种某些共生微生物

引种过程中,要注意松类、豆科等植物有与某些微生物共生的特性,引进这类植物时,要同时引进与其根部共生的土壤微生物,以保证引种成功。

六、引种驯化成功标准

(一)引种植物在引种地与原产地比较不需要特殊的保护措施能正常生长,发育良好。
(二)没有降低原来的经济价值和观赏价值。
(三)能够用原来的繁殖方法(有性或营养)进行繁殖。
(四)没有明显和致命的病虫害。

第二节 田间试验

进行田间试验时,要全面规划试验小区的大小、形状、小区排列的方法以及重复次数等问题,筹划这些有关试验小区在田间布置的问题称为田间设计。合理的田间设计能降低因土壤差异而产生的试验误差,提高试验精确性。

一、田间试验设计的基本原则

土壤差异是试验误差的主要来源,合理的田间设计能够显著减少因土壤差异所产生的试验误差。为了达到这个目的,在田间设计时应遵循下列三个原则:

(一)设置重复

在一个试验里,每个处理种植的小区数便是重复次数。设置重复能够有效的降低因土壤差异所引起的试验误差。如果每个处理只种植一个小区,有的处理就有可能分布在肥力较高的小区上而提高了产量,有的处理可能分布在肥力较低的小区上而降低了产量,影响了试验的精确性。如果每个处理种植几个小区,并使其有相等的机会分布在肥力较高或较低的小区上,则几个重复观察值的平均数要比一个重复的观察值能够更加精确的反映处理的效应。

（二）随机排列

随机排列是指每个处理，在各个重复排列的位置采用随机的方法来决定，使每个处理排列在任何小区都有相等的机会。与随机排列相对应的是顺序排列，是将各个处理按照一定的顺序依次排列，因为试验地的土壤肥力往往由一端向另一端递增或递减，排在前面的处理总是遇到肥力较高或较低的土壤，使产量偏高或偏低，这种有规律的形成的误差称为系统误差。随机排列能够排除系统误差，没有偏差的估算出试验误差。

（三）局部控制

局部控制是指每个重复要安排在土壤肥力均匀的地段上，并且各个处理在每个重复中都种植一个小区，而不同重复允许土壤肥力存在差异。这是因为整个试验的面积比较大，难以做到均匀一致，局部控制使每个重复处于均匀一致的土壤条件下，即使重复间土壤差异较大，因为各个重复每个处理都有一个小区，不论遇到好的或差的土壤，对每个处理的影响都是比较一致的，并不影响处理间效应的比较。

二、田间试验的小区设置

（一）小区面积、形状和方向

1. 小区面积

一般而言，在一定范围内，随着小区面积增加，试验误差减小。通常，栽培密度大的植物小区面积可以小一些，反之则应大一些；栽培试验因处理数比较少，不同处理的效应往往差异不很明显，小区面积要大一些，品种实验则可以小一些；土壤肥力比较均匀的试验地小区面积可以小一些，反之则应大一些；边际效应弱的试验地块，面积可小些，反之应大一些。

2. 小区形状

指小区长度与宽度的比例。一般情况下，小区面积相同，长方形小区的试验误差比方型小区要小。通常几平方米的小区长宽比可小一些；十几平方米的可采用 3∶1～10∶1 的比例。边际效应较大的试验，宜采用近似方形的小区。

3. 小区方向

试验地的土壤肥力向一个方向递增或递减，小区的长边应与土壤肥力变化的方向平行，使各个处理的小区占有相似肥力的土壤。当试验地有不同的前茬或浅沟，小区的长边要跨越不同的茬口或浅沟，试验区为缓坡地时，小区的长边应与缓坡倾斜方向平行。

（二）小区的重复次数

设置重复能有效地降低土壤差异所造成的试验误差，其效果要大于增加小区面积和采用长方形小区的方法。重复次数要根据对试验精确度的要求和土壤肥力的均匀情况来确定。生长量差异显著性测试的试验一般设3～5个重复，不进行生长量比的和小区面积很大的大区试验可不设重复。

（三）对照区的设置

设置对照区的目的是以它作为评定各处理优劣的标准，品种试验对照区应种植当地栽培最广的品种为对照，栽培试验对照区，应以当地广泛应用的常规栽培技术为对照。

（四）重复和小区的排列

重复的排列要遵循局部控制的原则，即重复内的土壤肥力要求均匀一致，重复间允许存在差异，试验小区在各个重复的排列，可分为顺序排列和随机排列两种。顺序排列是将各个处理按照一定的顺序在各个重复中进行排列。随机排列是采用随机的方法确定各个处理在每个重复中的位置。

（五）保护行和走道的设置

保护行的作用是防止试验区受到人和畜禽的践踏和损害，以避免试验区四周的小区受到边际效应的影响。为便于田间观察记载和作业及划分小区界线，重复之间及重复与两保护行之间，应有0.5～1.0m宽的走道。小区与小区之间一般相连种植，不留走道，以免增加边际效应。

三、常用的田间试验设计方法

田间试验设计的方法很多，归纳起来可区分为顺序排列、随机排列两类。

（一）顺序排列的试验设计

1. 对比法设计

每个处理小区的临近都有一个对照区，因为处理小区与对照小区相邻种植，土壤条件最相近似，各个处理与临近对照进行性状的比较，能够比较准确的确定处理的优劣。

只有一个处理的大区试验，可在处理小区旁设一对照。若有两个处理，可将对照设在两个处理中间。处理数较多的试验，可先设一处理，然后设一对照，以后每隔两个处理设一对照，最后一个对照区的后面只有一个处理小区就不必再设对照区。一般重复2～4次。各个处理在每个重复中一般采用顺序排列，但同一处理不同重复的小区应尽可能的分散开来。

由于顺序排列容易产生系统误差，试验结果统计分析时精确性较低，为了弥补这一缺陷，对处理小区可采用随机排列。

2. 间比法设计

先设一个对照，以后每隔4个或9个甚至19个处理小区设一对照，以减少对照区的数量，并使对照区小区编号的位数为0和5，便于调查记载和作业，不容易发生错误。

（二）随机排列的田间设计

主要包括随机区组设计、拉丁方设计、裂区设计、再裂区设计、条区设计等几种方法。下面主要介绍随机区组设计方法：

各个处理（包括对照）在一个重复中只有一个小区，所以把重复称为区组。处理和对照在每个区组中采用随机排列，重复4～6次。试验地要按照土壤肥力，把基本上均匀一致的地段安排不同的区组。随机区组设计的优点是：全面运用了田间试验设计的三个基本原则，降低了试验误差，试验精确性较高，对照区的数量也少。但一般要求实验的处理数小于15个。

本 章 小 结

引种驯化是迅速丰富本地区花卉的一种有效方法，与创造新品种比较起来，它所需要的时间短，见效快，节省人力物力。花卉引种驯化要充分考虑影响引种驯化成功的各种因素，要严格遵循引种驯化程序，减少失败和不必要的损失，进行田间试验，推广有价值的引种驯化成功的优秀品种。

复习与思考

1. 引种驯化的定义？
2. 引种驯化成功的标准是什么？
3. 栽培管理技术在引种驯化中的作用？
4. 制定一种花卉的引种驯化实施方案？

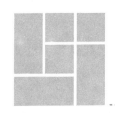

第四篇

花卉栽培与管理

第一章

花期控制

> ☞ **学习目标**
>
> 熟悉花期控制技术与控制途径,掌握花期控制综合措施。能制定几种常见花卉的花期控制技术方案,能指导实施花期控制方案。

第一节 花期控制途径与控制技术

花期控制又称催延花期或叫促成和抑制栽培。就是通过人为地控制环境条件或采取一些特殊的栽培管理方法,满足各种花卉的生长发育习性,使其比自然花期提早或推迟开花。通常比自然花期提早开花的方法称为促成栽培,比自然花期延迟开花的方法称为抑制栽培。花期控制的主要目的是为了调节花卉生产中出现的供过于求或供不应求的矛盾,以满足市场四季均衡供应对花卉生产的需求。

一、花期控制的基本理论

1. 阶段发育

花卉同其他植物一样,在整个生命过程中经历着不同的生长发育阶段,最初是进行细胞、组织和器官数量的增加与体积的增大过程,既花卉的生长阶段，表现为芽的萌发、叶的伸展、植株不断长高增粗。以后随着体内营养物质的积累，花卉便进入发育阶段，开始进行花芽分化、开花、结果、产生种子。不同花卉营养生长的时间长短不一，如果人为的创造良好的生长环境可以缩短营养生长期，但不能跨过营养生长期。

2. 光周期现象

许多花卉在生长发育的某个阶段，对昼夜的相对长度有一定的反应，或者说需要经过一定时间光照与黑暗的交替，才能诱导成花。具有光周期现象的花卉主要是长日照花卉和短日照花卉。如唐菖蒲通常被认为是长日照花卉，而秋菊、一品红、百日草等则被认为是短日照花卉。

3. 春化作用

花卉在开始生长或者当茎顶端开始活动时，接受一定时期的低温才能进行花芽分化，否则不能开花。花卉通过的这个低温周期就叫春化作用。需要春化作用的花卉多数是二年生花卉和部分球根花卉、宿根花卉及木本花卉。不同花卉所需要的低温值和通过的低温的时间存在着很大的差异。大多数花卉所要求的低温为 3~8℃。

4. 休眠与催醒休眠

大多数露地花卉原产于温带，由于温带四季交替的气候对它们生长发育的长期影响，使得它们形成了适应温带气候的特性，即在冬季进行自发休眠。自发休眠分为前休眠期、中休眠期和后休眠期三个阶段。前休眠期是指当温度下降，花卉体内的生长活性逐步下降；中休眠期又称熟休眠期，指外界气温下降到花卉接近停止生长的程度，花卉体内代谢缓慢，处于深休眠状态。此时，即使给予良好的环境条件，如充足的光照、温度、水分等也不能打破休眠；后休眠期指随着时间的推移，花卉逐渐由深休眠进入强制休眠，为开始生长作好了准备。

休眠是花卉在长期的进化过程中，为抵御不良环境所形成的一种适应性。当花卉在生长期间遇到低温、干旱等不良环境时，花卉的生长趋于缓慢、停顿而转入休眠的一种状态。只要创造合适的环境条件，便能够打破休眠恢复生长。

二、花期控制的技术途径

1. 温度处理

通过温度处理来调节花卉的休眠期、花芽形成期、花茎伸长期等主要进程而实现对花期的控制。温度调节还可以使花卉植株在适宜的温度条件下生长发育加快，在非适宜的条件下生长发育进程缓慢，从而调节开花的进程。大部分冬季休眠的多年生草本花卉、木本花卉，以及许多夏季处于休眠、半休眠状态的花卉，生长发育缓慢，通过加温或防暑降温可提前度过休眠期。温度处理可从两方面进行。

（1）升高温度 冬季温度低，花卉植株生长缓慢或停止，如果升高温度可使植株加速或恢复生长，提前开花。这种方法使用范围很广，包括露地经过春化的草本、宿根花卉，如石竹、三色堇、矮牵牛等；春季开花的低温温室花卉，如天竺葵、仙客来；南方的喜温花卉，如扶郎花、五色茉莉；以及经过低温休眠的露地木本花卉，如牡丹、寿桃、杜鹃等。原来在夏季开花的南方喜温花卉，当秋季温度降低时停止开花。如果及时移进温室加温，则可使它们继续开花，如茉莉、扶桑、白兰花等。

（2）降低温度 一些二年生花卉、宿根花卉、秋植球根花卉、某些木本花卉，可以提前给予一个低温春化阶段，使其提前开花。如毛地黄、桂竹香、桔梗等，欲使其提前开花，必须提前给予一个低温春化阶段。如风信子、水仙、君子兰等秋植球根花卉，需要一个 6~9℃ 的低温能使花茎伸长。而桃花、榆叶梅等木本花卉，需要经过 0℃ 的人为低温，强迫其通过休眠阶段后，才能开花。

在春季自然气温未回暖前，对处于休眠的植株给予 1~4℃ 的人为低温，可延长休眠，延迟开花。一些原产于夏季凉爽地区的花卉，在夏季炎热的地区生长不好，不能开花，如采取措施降低气温（如<28℃），植株处于继续活跃的生长状态中，就会继续开花。如仙客来、吊钟海棠、天竺葵等。

2. 光照处理

光照处理与温度处理一样，既可以通过对成花诱导、花芽分化、休眠等过程的调控达到控制开花期的目的，也可以通过调节花卉植株的生长发育来调节开花的进程。光照处理的方法很多。

（1）延长光照时间 用补加人工光照的方法延长每日连续光照的时间，达到12h以上，可使长日照植物在短日照季节开花。如蒲包花用连续14~15h的光照处理能提前开花。也能使短日照花卉推迟开花，如菊花是短日照花卉，在其花芽分化前（一般在8月中旬前后花芽分化），每天日落前人工补加4h光照,可使花芽分化推迟,花期推迟。

(2) 缩短光照时间　用黑色遮光材料,在白昼的两头,进行遮光处理,缩短白昼,加长黑夜,这样可促使短日照植物在长日照季节开花。如一品红用10h白昼,50～60d可开花;蟹爪兰用9h白昼,2个月可开花。遮光材料要密闭,不透光,防止低照度散光产生的破坏作用。又因为它是在夏季炎热季节使用的,对某些喜凉的花卉种类,要注意通风和降温。

(3) 人工光中断黑夜　短日照植物在短日照季节,形成花蕾开花。但要在午夜1～2时加光2h,把一个长夜分开成两个短夜,破坏了短日照的作用,就能阻止短日照植物形成花蕾开花。在停光之后,因为是处于自然的短日照季节中,花卉就自然地分化花芽而开花。

(4) 光暗颠倒　适用于夜间开花的植物,如昙花,在花蕾长约10cm的时候,白天把阳光遮住,夜间用人工光照射,则能动摇其夜间开花的习性,使之在白天开花。

(5) 调节光照强度　花卉开花前,一般需要较多的光照,如月季、香石竹等。但为延长花期和保持较好的质量,在开花之后,一般要遮荫减弱光照强度,以延长开花时间。

3. 园艺技术措施

(1) 调节种植生长期　对于不需要特殊环境诱导,在适宜的生长条件下只要生长达到一定大小即可开花的种类,通过采用控制繁殖期、种植期、萌芽期、上盆期、翻盆期等来达到调节花期的目的。早开始生长的早开花,晚开始生长的晚开花。如四季海棠播种后12～14周开花,万寿菊在扦插后10～12周开花。瓜叶菊、金盏菊、雏菊、报春等均为早播种早开花,晚播种晚开花的种类,如分批播种,则分批开花。

(2) 外科手术　用摘心、修剪、摘蕾、剥芽、摘叶、环割、嫁接等措施,均可调节植株生长速度,对花期控制有一定作用。摘除植株嫩茎,将推迟花期。推迟的日数依植物种类及摘去量的多少与季节而不同。常采用摘心方法控制花期的有一串红、康乃馨、万寿菊、大丽花等。在当年生枝条上开花的木本花卉用修剪法控制花期,在生长季节内,早修剪,早长新枝,早开花;晚修剪则晚开花。剥去侧芽、侧蕾,有利于主芽开花。摘除顶芽、顶蕾,有利于侧芽侧蕾生长开花。9月份把江南槐嫁接在刺槐上,1个月后就能开花。

(3) 控制肥水　某些花卉在生长期间控制水分，可促进花芽分化。如梅花在生长期适当控制水分（俗称"扣水"），形成的花芽多。干旱的夏季充分灌水有利于生长发育，促进开花。如唐菖蒲抽穗期充分灌水，开花期可提早一周左右。一些球根花卉在干燥环境中，分化出完善的花芽，自至供水时才伸长开花。只要掌握吸水至开花的天数，就可以用开始供水的日期控制花期。如水仙、石蒜等。一些木本花卉在花芽分化完善后，遇上自然的高温、干旱，或人为给予干旱环境，就落叶休眠。此后，再供给水分，在适宜的温度下又可开花或结果。如丁香、海棠、玉兰等。

施肥对花期也有一定的调节作用。在花卉进行一定的营养生长以后，增施磷、钾肥有助于抑制营养生长而促进花芽分化。菊花在营养生长后期追施磷、钾肥可提早开花约一周。经常产生花蕾、开花期长的花卉，在开花末期，用增施氮肥的方法，延迟植株衰老，在气温适当的条件下，可延长花期，如仙客来、高山积雪等。花卉开花之前，如果施了过多的氮肥，常会使植株徒长、延迟开花、甚至不开花。

4. 应用植物生长调节剂

应用植物生长调节剂控制花卉生长发育和开花，是现代花卉生产常用的新技术。赤霉素在花期控制上的效果最为显著。如用 $500\sim1000\text{mL/kg}$ 浓度的赤霉素液点在牡丹、芍药的休眠芽上，可促进芽的萌动；待牡丹混合芽展开后，点在花蕾上，可加强花蕾生长优势，提早开花。用此液涂在山茶、茶梅的花蕾上能加速花蕾膨大，使之在 $9\sim11$ 月间开花。蟹爪兰花芽分化后，用 $20\sim50\text{mL/kg}$ 赤霉素喷洒能促使开花，用 $100\sim500\text{mL/kg}$ 涂在君子兰、仙客来、水仙的花茎上，能使花茎伸出植株之外，有利观赏。用 50mL/kg 赤霉素喷非洲菊，可提高采花率。用 1000mL/kg 的乙烯利灌注凤梨，可促使开花、结果。天竺葵生根后，用 500mL/kg 乙烯利喷两次，第五周喷 100mL/kg 赤霉素，可使提前开花并增加花朵数。

第二节　花期控制的综合措施

自然界的开花植物有上万种，由于它们的原产地不同，各自的生态习性也存在着很大的差异。对于每一种花卉来讲，影响其开花的限制因子也各不相同。如影响菊花开花的限制主导因素是光照,影响牡丹开花的主导因素是温度。但是花卉花期控制或者说促成栽培的技术措施,无论是温度调节还是光照调节等,都是建立在花卉的营养生长完善的基础上。无论采用什么处理方式,都是要在良好的肥水管理条件下,配合各种栽培技术措施和技术处理,才能达到预想的目标。

一、花期调控技术方案的制定

1. 确定目标花期

通过对市场需求信息的调查了解,根据各类花卉的需求状况以及花卉的时常价格,确定各类花卉的目标花期。

2. 熟悉生长发育特性

充分了解栽培对象生长发育特性,如营养生长、成花诱导、花芽分化、花芽发育的进程所需要的环境条件,休眠与解除休眠所要求的条件。光周期所需要的日照时数、花芽分化的临界温度等。

3. 了解各种环境因子的作用

在控制花期调节开花的时候,需了解各环境因素对栽培花卉起作用的有效范围以及最适范围,分清质性范围还是量性范围。同时还要了解各环境因子之间的相互关系,是否存在相互促进或相互抑制或相互代替的作用,以便在必要时相互弥补。如低温可以部分代替短日照,高温可以部分代替长日照,强光也可以部分代替长日照作用。应尽量利用自然季节的环境条件以节约能源降低成本。如木本花卉促成栽培,可以部分或全部利用户外低温以满足花芽解除休眠对低温的需求。

4. 配合常规管理

不管是促成栽培还是抑制栽培,都需要土、肥、水、病虫害防治等相应的栽培技术措施相配合。

二、花期调控的准备工作

为保证花期调控能顺利进行并达到预期目的,在处理前要预先做好准备工作。

1. 花卉种类和品种的选择

在确定花期时间以后,首先要选择适宜的花卉种类和品种。一方面被选花卉应能充分满足花卉应用的要求，另外要选择在确定的用花时间里比较容易开花，不需要过多复杂处理的花卉种类，以节省处理时间、降低成本。如促成栽培宜选用自然花期早的品种。晚花促成栽培或抑制栽培应选用晚花品种。同时，花卉的不同品种，对处理的反应常不相同，有时甚至相差较大。例如一品红的短日照处理，一些单瓣品种处理35d即可开花，而一些重瓣品种则需要处理60d以上。为了提早开花应选用早花品种；若延迟开花，则选用晚花品种。

2. 球根成熟程度

球根花卉进行促进栽培，要设法使球根提早成熟。球根的成熟程度对促进栽培的效果有重大影响。成熟程度不高的球根，促成栽培反应不良，开花质量降低，甚至球根不能正常发芽生根。

3. 植株或球根大小

要选择生长健壮，经过处理能够开花的植株或球根。植株和球根必须达到一定的大小，经过处理开花才能有较高的观赏价值。如采用未经充分生长的植株进行处理，结果植株在很矮小的情况下开花，花的质量低，其欣赏价值和应用价值都很低。同时，有些花卉要生长到一定年限才能开花，处理时要选用达到开花苗龄的植株。球根花卉当球根达到一定大小才能开花，如郁金香鳞茎重量为12g以上，风信子鳞茎周径要达到8cm以上等。

4. 了解设施和处理设备

实现开花调节需要控制环境的加光、遮光、加温、降温以及冷藏等特殊的设施。常用的有：温度处理的控温设备（低温操作用冰箱或冰柜，加温操作的锅炉或燃油炉及管道等）；日照处理的遮光和加光设施等。在实施促成或抑制栽培之前，要充分了解或测试设施、设备的性能是否与花卉栽培的要求相符合，否则可能达不到目的。如冬季在日光温室促成栽培唐菖蒲，如果温室缺乏加温条件，光照过弱，往往出现"盲花"、花枝产量降低或小花数目减少等现象。

5. 熟练的栽培技术

花期调控成功与否，除取决于处理措施是否科学和完善外，栽培技术也是十分重要的。优良的栽培环境加上熟练的栽培技术，可使处理植株生长健壮，提高开花的数量和质量，提高商品欣赏价值，并可延长观赏期。

三、几种花卉花期控制实例

1. 牡丹冬季熏花技术

牡丹是我国的传统名花，其自然花期为四月中下旬，一个品种的花期仅能维持7～10d。依照中国传统赏花的习俗，春节是花卉商品市场对牡丹需求量较大且价格较稳定的时期。我国历史上就有冬季温室加温促使牡丹春节开花的技术。又称牡丹冬季熏花技术。

选牡丹优良品种"洛阳红"、"胡红"、"二乔"、"状元红"、"魏紫"等，于11月中旬牡丹落叶后（春节前35～45d），选地栽枝干粗壮，株形丰满，鳞芽充实、饱满、有光泽，无病虫害，生长健壮的植株，从圃地挖出，带土球上盆。上盆后浇一次透水。温室环境控制在10℃，温室内昼夜温差保持在7～8℃，控制平均温度10～13℃，20d左右。12月份开始加温到18～25℃。牡丹进入温室以后，每天向枝干上喷水1～3次，每3～5d浇一次水或施一次稀薄的有机液肥，并用300～500mL/L赤霉素稀释液涂抹花芽。大约半个月以后，新芽萌动并开始展小叶。牡丹展叶后，每天向植株喷水3～5次，牡丹现蕾后，根据所需开花的日期，将牡丹花盆放置在温度较低的地方。距牡丹的目标花期还有10～15d的时候，将牡丹花盆放置在25℃左右的地方，每天晚上补充光照1～2h。牡丹花蕾绽开后，即将牡丹移入低温温室，以保持牡丹的鲜艳色彩并延长开放期。

2. 菊花春节开放栽培

菊花在自然条件下，多于深秋破霜盛开，所以又名秋菊。菊花也是典型的短日照花卉，要实现菊花春节开放，除了进行必要的日照处理外，还需要配合其他的技术措施。菊花在春节开放，其生长周期仅有5个月，因此选择品种时要求花型优美、矮生、生长周期短、短日照诱导的日数少等。如莲座状的美国白、金葵台；细管的金谷满仓、粉妆楼；扁球的光辉；飞舞型的羽衣舞、红光绿影等。矮生和生长周期短的品种有金碧辉煌、粉莲、日本白莲、金谷满仓、紫荷等。

春节盆栽菊花通常于10月下旬开始扦插，此时正值自然短日照，为避免花芽分化，菊花生长前期要进行短日照处理。一般从子夜11时至次日2时补充光照3h，当植株生长到一定大时停止光照处理。以后在自然短日照条件下开花。菊花花芽分化的温度条件是15℃以上，冬季温度低，为保证菊花能够正常的进行花芽分化，必须加温。盆菊不同的生长期对温度的要求也不一样，一般上盆初期花蕾形成前，白天维持在20～25℃，夜间15℃左右，以促使新梢形成。花蕾形成后，可适当降低温度，白天维持15℃，夜间7～10℃左右。菊花苗上盆以后三周内主要追施氮肥，有机与无机肥料混合施用，每周追施两次，并加强光照。当新梢伸长到7～9cm时减少氮肥，增施磷肥促进花芽分化，每周施肥1～2次。苗期浇水要充足，晚上加温前要对植株进行叶面喷水。新梢生长达到9cm时，要控制水分以盆土稍微干燥为宜，既可以控制植株的高度，又可促进花芽分化、花蕾形成及早开花。另外，还要注意及时剥去腋芽、脚芽与侧蕾，使养分集中于主干主蕾开出硕大的花朵。

3. 切花百合促成栽培

西方人把百合作为圣洁的象征，我国用百合表示纯洁与吉庆的风俗。百合的名称就意味着"百事合意"、"百年好合"。市场最为紧俏的时节是三四月份。

促成栽培所用鳞茎，在种植前必须进行冷处理。冷处理的温度与时间因品种而异，常用的标准是1.5～7℃，处理时间是6周。在冷处理前最好先做予处理。予处理的温度为17～18℃，连续2～3周。种植以后，温室中土壤的温度应尽可能提高到15～18℃，以便于根系的生长和叶的发生。植株自出芽到生长至高度10～15cm，此阶段为营养生长期。生长初期（芽出土后1周）可施入一定量的氮、磷、钾肥料，但是应保持中等偏下水平，以后每两周追施一次，直到花蕾长到1～2cm长时为止。生殖生长阶段可见叶片一般超过10片，茎干还未伸长，节间密集，此时花芽分化过程已经开始。从花芽分化到叶丛中花蕾清晰可见，大约需要3～4周的时间。此期可进行根外追肥，每两天进行一次叶面喷施，可明显增加单枝百合上的花朵数。从可见到顶端叶丛中的小花蕾到第一朵花开放，大约需要8～10周的时间。此阶段主要受温度的控制，在正常栽培的条件下，一般为30～35d。栽培温室控制的温度以及不同的日夜温差影响至开花的天数。如平均温度21℃时，需28d；最高温度26℃，最低15℃，需30d；最高21℃，最低15℃时，需40d。通常白天为25～28℃，最好避免30℃以上的高温；夜间16～18℃，最低保持10℃以上。最好将昼夜温差控制在10℃以内，否则容易出现劣质花。在花枝上第一朵花蕾充分膨胀，呈莹亮乳白色光泽时，即在花朵开放前2~3d,为切花的最适采收期。采收后的花枝,按照每枝上的花朵数量分级,每10枝1束,将花蕾朝上,用包装纸包好,装入纸板箱,即可上市。百合花枝在3~4℃的条件下贮藏1周,对切花的质量影响不大。

花期调控是一项综合栽培技术,对于每一种花卉都有其独到的管理技术和栽培措施。因此在对某种花卉实施花期控制的时候,必须详细了解该种花卉的生物学特性、生态特点以及影响和限制其成花和开花的主导因素,制定详细的技术方案,才能保证花卉按照人们的预定花期应时开放。

植物生长调节剂是一类非常复杂的化学药剂,在应用的时候应当注意。相同种类的植物生长调节剂对不同种类的花卉和花卉品种的效应不同。如赤霉素对花叶万年青有促进成花作用,而对大多数花卉如菊花则有抑制成花的作用。同时,相同的植物生长调节剂种类因为浓度不同也产生截然不同的效果。如生长素低浓度时促进生长,高浓度时则抑制生长。不同的植物生长调节剂使用的方法不一样,有些可叶面喷施,有些需要可用于土壤浇灌,还有的可局部涂抹或注射。多种植物生长调节剂组合应用时,可能存在着相互增效或颉颃作用。所以在应用的时候,要慎重并要经过试验,再大面积应用于生产。

本章小结

花期控制是四季供花和均衡上市的必要手段。植物的阶段发育理论是花期控制的理论依据。温度调节、光照调节、园艺措施及使用植物生长调节剂是花期控制的技术途径。

复习与思考

1. 简述使菊花在春节期间开花的栽培技术。

第二章

大树移植

> ☞ **学习目标**
>
> 熟悉大树的生长发育特性，了解植物的促根技术，掌握大树移植常用技术。能制定大树移植计划，能进行大树移植及移栽后的养护。

第一节 大树移植准备

大树移植是绿化工程中用时短、见效快的一个重要手段，也是突破季节性，实行全年植树绿化的一项重要措施。移植大树也是保护和保存绿化成果的一项重要措施。因此，大树移植是城市园林绿化建设工作中的重要工作内容。

一、大树移植方案的确定

确定大树移植的方案前，先要对大树进行详细的调查，包括大树的树种、树龄、冠幅、生物学特性、栽种历史、立地条件等。根据树体的大小确定土球的规格和包装方法。根据树体的生长状况以及园林造景的需要确定大树移植的时期，并确定移树前相关的整型修剪措施和肥水管理措施。对移植大树所需要的主要材料、工具、机械等的规格、数量都要一一造表作好准备工作。在城市移植大树，从起树地点到栽植地点，选好大树的运行路线，以保证超宽超高的大树能够顺利运输。如铁路、公路、立交桥、过街电缆电线等的高度大体都在 4.5m 以下，如果搬运超大规格的树木都要设法饶过这些障碍，如果无法饶过这些障碍，就不具备大树移植的条件。

二、大树移植准备

1. 整型修剪

整型修剪的时间根据移植的时期和树木的树龄以及树体的长势而定，一般要提前一年左右，有的甚至要提前 3~5 年进行。通过修剪，可减少地上部枝叶的水分和养分消耗，调整树体地上部与地下部的水分和养分平衡，从而提高移栽成活的可能性。整型修剪的原则是尊重原树型特点，顺应自然生长规律。修剪首先应先将枯干枝、病虫枝、破皮劈裂的枝条剪去。其次，剪去一部分生长健壮的花芽、叶芽、混合芽，推迟树体萌发的时间，以利于根系的生理活动。过长的枝条应加以控制，短截剪口部位要根据树木具体情况而定，剪口芽的方向要符合以后树型的需要。小枝条的剪口比较小，可以齐枝条的着生部位剪除；粗壮大枝的剪口较大，不容易愈合。因此，切口要微靠大枝，左右对称不歪斜，不留残桩。

2. 肥水管理

加强树体的肥水管理，增强树体的生命活力和抵抗能力。通常在大树根颈周围距树的干径 3 倍距离处，开挖 0.2~0.4m 宽的深沟（以切断主要根系为度），在沟内填以营养土，促使根系萌生大量的新根，以有利于大树成活。保持树体周围的土壤湿润，挖树前如果土质过于干燥，应提前灌水浸地。反之如果土壤过湿，影响掘苗操作，也要设法排水或者等土壤适当干燥一些再行挖掘。

三、移植的时期

移植的时期依据气候条件、树种的生物学特性以及工作方法而定。移植大树肯定要伤及根系，而使树体的营养及代谢过程受到破坏。最好的移植时期是移植以后根系马上进入生命活动时期，同时地上部的蒸腾作用又比较低。

大树移植技术不同于一般的群众性的绿化植树，是一项专业性很强的技术工作，它所消耗的人力、物力、财力远远超过一般的植树工程。作业人员必须经过严格的培训和实际锻炼，熟练掌握操作技术，才能独立上岗。否则人员、树木的安全和工程质量都不能保证。大树移植还需要借助于一定的机械力量才能完成。所以，除有特殊需要的工程外，一般都要慎重决定。

第二节　大树移植方法

由于大树树干粗壮，根系庞大，极大多数情况下必须带土球移植，而土球规格则会远远超过一般绿化大苗。考虑到在挖掘、起吊、装载、运输和栽植过程中土球容易破碎，所以土球包扎极为重要。超大规格土球包扎有软、硬两种方法，即软材包扎和木箱包装。

一、软包装土球移植法

软包装土球移植法比方木箱移植法简单。

1. 确定土球规格

掘苗前，要根据树木的种类、株行距、干径的大小确定土球的规格。

2. 挖掘

土球规格确定之后，以树干为中心，按照比土球直径3～5cm的尺寸划一个圆圈。沿圆圈挖一个宽60～80cm的操作沟，沟的深度与确定土球的高度相等。将土球表面修整干净，使土球表面圆滑。

3. 包扎

用预先湿润过的草绳和蒲包等材料包扎。大树的草绳包扎方式以橘子式为主。

4. 吊装运输

吊装前捆拢树冠，应用吊、装、运能力稍微大一点的起重设备，将土球轻轻吊起，当树身微微倾斜的时候，马上用粗绳在树干的基部拴一个绳套（俗称脖绳），而后开始装车。装车时必须土球向前，树梢朝后，并用粗绳将土球与车身牢牢捆紧，防止土球因晃动而松散。运输途中要有专人负责押送，到施工现场以后要立即卸车。如果不能马上栽植，应将树木立直、支稳，决不可将苗木斜放或平倒在地。

5. 栽植

定植的树坑直径应比土球大 30～40cm，深度比土球的高度深 20～30cm。如果定植坑的土质不好，还应适当加大坑径并进行换土。吊装时应使树干立直，将树冠生长最丰满、完好的一面朝向主要观赏方向，然后慢慢放入坑内。坑内事先堆放 15～25cm 厚的松土，使土球立于土堆上。填土前将草绳、蒲包片等包扎物尽量取出，然后分层填土踏实。栽植的深度与原土球相平或略深 3～5cm。栽后于坑的外围筑围堰并浇第一次水，水量不要太大，起到压实土壤的作用即可。2～3d 以后浇第二次水，水量要充足。过一周以后浇第三次水，待水渗下以后，即可中耕、松土、封堰。

二、带土球木箱移植法

对于土球规格过大（土球直径超过 1.3m），较难保证吊装安全和不散坨时，则改用方木箱包装移植，比较稳妥安全。用方木箱包装，可移植胸径 15～30cm 或更大的树木以及沙性土壤中的大树。此种方法适用于雪松、油松、桧柏、白皮松、华山松、龙柏、云杉、铅笔柏等常绿树等。

1. 挖掘前的准备工作

对树木所在地的土质、周围环境、交通路线、有无障碍等进行了解，并决定能否移植。根据树木的种类、株行距、干径的大小确定在植株根部留土台的大小。一般可按树木干径的 7～10 倍确定土台的边长。此外还要准备好木箱包装移植大树的主要材料、工具和机械。

2. 挖掘

以树干为中心，按照比土台大 10cm 的尺寸，作一个正方形的线印，将正方形线内的表面浮土铲除，然后沿线印的外缘挖一个宽 60～80cm 的沟，沟深与规定的土台高度相等。在挖掘的时候，如果遇到较大的侧根，可用手锯或剪枝剪将其剪断，其切口要留在土台里。

3. 装箱

修整好土台以后，要马上上箱板。上箱板的顺序为：先将土台的四个角用蒲包片包好，再将箱板围在土台的四面，使箱板上端边低于土台 1cm 左右，保证每块箱板的中心都与树干处于同一条直线上。然后将检查合格的钢丝绳分上下两道饶在箱板的外面，上下两道钢丝绳的位置，应在离箱板上下两边各 15～20cm 处，收紧紧线器。在土台的四角钉上铁皮，铁皮通过箱板两边的带板时，最少应在带板上钉两个钉子。箱板四角与带板之间的铁皮必须绷紧、钉直。

4. 掏底

将土台四周的箱板钉好以后，掏出土台底部的土，上底板和盖板。

5. 吊运、装车

当大树的重量超过 2t 的时候，需要用起重机吊装，用大型卡车运输。吊装带木箱的大树，先用一根较短的钢丝绳，横着将木箱围起，缓缓起吊，使树身慢慢躺倒，而后在木箱尚未离地面之前，在树干周围包好蒲包片，捆上脖绳，在树干分枝点上拴一根麻绳，用于吊装时人为控制方向。最后将树缓缓起吊准备装车。装车时应树冠朝后，用草绳围捆树冠，树干捆在车厢的后尾钩上。土台上口与卡车的后轴在一条直线上，在车厢底板与木箱之间垫两块方木。

6. 运输、卸车

运输中途应准备好一个竹竿，以备中途遇到较低的电线时，能挑起通过。大树运到现场卸车前，先将围捆树冠的绳索解开，对损伤的枝条进行修剪。卸车的方法与装车的方法大体相同。当大树被吊起的时候，应将卡车立即开走。

7. 栽植

挖好的栽植坑的直径一般应比大树土台的边长大 50～60cm，土质不好的应是土台边长的两倍。坑的深度比土台的高度大 20～25cm，坑的底部填入充分腐熟的有机肥，并与土壤混合。将树体吊入坑内，先拆除下板并向坑内回填一部分土，当土填到坑的三分之一深度的时候，拆去四周的箱板，接着再向坑内填土，每填 20～30cm 厚的土，应将土夯实一下，直到把土填满为止。填完土以后，立即筑堰浇水，第一次水要适量，以沉实土壤即可，次日浇透水一次，隔一周以后再浇一次水，以后根据不同树种需要和土质情况合理浇水。每次浇水之后，等水全部渗下以后，应中耕松土一次。

附：木箱包装移植大树所用的主要材料、工具和机械如下：

材料类　木板、铁皮、钉子、衫篙、支撑横木、垫板、方木、圆木墩、草袋、蒲包、扎把绳等。

工具类　铁锹、平口锹、小板镐、紧线器、钢丝绳、小镐、铁锤或斧子、小铁棍、鹰嘴扳子、起钉器、油压千斤顶、钢卷尺、废机油等。

机械 起重机、卡车

表 3.4.1　大树土球规格

树木胸径（cm）	土球直径（cm）	土球高度（cm）	留底直径	捆草绳密度
10～12	树干粗的 8～10 倍	60～70	土球直径的 1/3	四分草绳，间距 8～10cm
13～15	7～10 倍	70～80		

表 3.4.2　各类干径树木应留土台及所用木箱

树木胸径（cm）	15～17	18～24	25～27	28～30
木箱规格（m）	1.5+0.6	1.8+0.7	2.0+0.7	2.2+0.8

移植最好选阴天进行。

栽植时要尽量不改变原树的生长方向。

适于移植的大树仅限于生长健壮、发育旺盛、并具有观赏价值或者相应的历史价值，移栽以后在新的环境中能够继续生活下去。因此最适于的大树的树龄是处于壮年的时候。大树移植的年龄，一般生长缓慢的树种是 30～40 年。

第三节　大树移植后的养护

一、水分供应

大树移植后的致命威胁是体内水分失衡。由于根系的损伤而不能从土壤中吸收足够的水分，所以移栽后的第一年要特别注意减少地上部的蒸腾和加强对根系的水分供应。但此时的根系也忌水涝，低洼地或多雨季节要防止积水。定植后一般连续浇灌三次水，以保证移植后的水分供应。第一次水应于定植后 24h 之内，水量不宜过大，起到压实土壤使土壤没有缝隙，保证树根与土壤紧密结合。3～5d 以后第二次浇水，水量仍以压土填缝为主要目的。7～10d 以后，浇第三次水，此次要浇足浇透，使水分渗透到全坑土壤和坑周围的土壤内。每次浇水或风雨过后，都应检查大树是否倾斜。

如有倾斜，应及时扶直。

遇到空气干旱时要对树冠进行喷水，必要时，还需对大树进行遮荫处理。

二、立支柱

高大树木移植后，都应当立支柱进行支撑。立支柱可以保证大树浇水以后，不被大风吹倒或者被人流的活动损坏。用作支柱的材料，可因地取材。可用竹竿和木棍，防台风地区还可用钢筋水泥柱。支柱的绑扎方法有直接捆绑和间接加固两种方法。支柱的形式有独杆式、球门式和三点斜撑式等，可根据地形、气候特点以及当时当地的具体情况而定。

三、其他养护管理

定植后还要对大树再次进行修剪，剪去一些受伤以后影响生长的枝条，对栽前修剪不够理想的枝条进行复剪。全面清理施工现场，将树堰填平，在树基部堆成30cm高的土堆，以保持土壤水分，并保护树根，防止风吹摇动，以利成活。

大树是一个活的生命体，它的生长发育也遵循着植物从幼年到老年的生长规律。当植物的生命活动进入到老年阶段时，其生命活动衰弱，移植不易成活。

本章小结

> 保持大树体内水分平衡是移栽成活的关键。移栽前有计划地断根、移栽时剪去部分枝叶、移栽后包裹树干、喷水等措施都是为了大树体内水分平衡。

复习与思考

1. 大树移栽前应该做好哪些准备工作？
2. 大树移栽后如何进行水分管理？

第三章

花卉栽培肥水管理

> ☞ **学习目标**
> 熟悉花卉营养诊断技术,能依据花卉需肥、需水规律对花卉进行肥水管理。

第一节 花卉需水、需肥规律

一、花卉需水规律

(一)花卉对水分的要求

各种花卉由于长期处于不同水分状况的生态环境中,对水分的需求量因此也不相同。通常按花卉对水分的要求可分为:

1. 水生花卉

长期生长在水中或沼泽地、浅水区的花卉,植株体内具有发达的通气组织,水下器官常没有角质层和周皮,因而可以直接吸收水分和溶解于水中的养分,所以,它们适宜于水中生长。水生花卉中又可以分为挺水植物、浮水植物、沉水植物和漂浮植物。挺水植物(花卉)的根扎入水中泥里,茎叶挺出水面之上,如荷花、香蒲、水生鸢尾等;浮水植物(花卉)的根也扎入泥里,但叶片浮在水面或稍高于水面,如睡莲、萍蓬草、王莲等。

沉水植物（花卉）的根或根状茎生于泥中，植物体生于水下，不露出水面，如苦草、茨藻等。由于水中氧的含量很少，水体中光照强度随深度的增加而急剧减弱，因而大多数水生高等植物主要分布于1～2m的水中，通常以60～100cm为多。漂浮植物（花卉）的根系悬浮在水中，植物体漂浮于水面，可随风浪四处漂泊，如浮萍等。

2. 陆生花卉

生长在一般陆地上的花卉。由于对水分的要求不同又分为旱生、湿生和中生花卉。旱生花卉多原产于常年干旱地区，植株的组织结构产生了适应干旱环境的多种变态，茎、叶肥厚肉质，或变小、退化成刺毛状、针刺状等，如仙人掌类、龙舌兰、虎刺梅等。这些花卉耐旱力强，不需要太多的水分。花卉中还有不少原产于季节性干旱地区的种类，如风信子、仙客来、香雪兰、荷包牡丹等，这些花卉在生长期并不耐旱，但在炎热的夏季呈休眠状态，需水量极少。湿生花卉要求土壤湿度或空气湿度很高，才能正常生长，如蕨类、热带兰类、凤梨科植物等原产热带雨林的花卉。有些原产于沼泽地的花卉，如伞草、千屈菜等，则属于从陆生到水生的过渡类型。

3. 中性花卉

中性花卉即对水分的要求介乎旱生与湿生之间，生长在晴雨有节、干湿交替的环境中表现较好；久干久湿或过干过湿均不利于生长，大多数花卉均属中性花卉。

（二）花卉不同生育阶段对水分的需求

同一种花卉在不同的生长发育时期对水分的需求存在着差异。水分过多过少均能引起生长发育不良，这不仅关系到花卉的观赏价值，甚至影响花卉的存亡。

种子发芽时要求有充足的水分，以便水分渗入种皮，有利于胚根的伸长，并供给胚发育所必要的水分；种子萌发后，在幼苗期因根系浅而瘦弱，根系吸水能力弱，此时需适量的水分，应保持土壤湿润状态，不能供太多的水；幼苗分蘖形成多量分枝时要适当控水，防止徒长并也利于根系的延伸、分支；花卉处于营养生长旺盛期需水量多，以保证旺盛的生理代谢活动顺利进行；转入生殖生长亦即花芽分化期应适当控制水分，以抑制枝叶生长或促使枝叶停止生长而进入花芽分化。在栽培上常采用"扣水"的方法来促进花芽分化，控制花期；花卉的孕蕾和开花阶段，应保证水分供应有利于花蕾发育和花朵开放；花朵萎谢以后保持土壤湿润，利于果实膨大；果实、种子成熟阶段，土壤宜偏干。花卉植株进入休眠状态需减少或停止供水。

环境中的水分形式表现于空气中的湿度和土壤中的含水量。空气中的相对湿度过大，往往使一些花卉的枝叶徒长，并引起落蕾、落花、落果，授粉不良或花而不实等现象，且易滋生病害。但许多喜荫的观叶花卉需要较高的空气相对湿度，否则枝叶老化、色泽暗淡，降低了观赏价值。土壤干旱会使花卉生长不良，但水分过多，特别是排水不良的土壤，常引起根系窒息而腐烂，导致花卉死亡。一般认为大多数花卉在生长期间，最适宜的土壤水分约为田间持水量的 $50\% \sim 80\%$，这样的含水量利于维持花卉植株体内水分的平衡。扦插繁殖时，插穗体内的水分平衡被破坏，因此要求土壤（或基质）保持湿润和较高的空气相对湿度。扦插成活后，就必须逐步降低土壤（或基质）水分，以促进根系的发育。

适宜于浇灌花卉的水为雨水、雪水、河湖水、江水、塘水等，含有盐、碱的水或井水不宜应用。据研究，磁化水、冷开水，用于浇灌花卉，易被吸收、利用，因而植株生长茂盛。

此外，由于异常气候和非节律性降水，如暴雨、冰雹等，常给花卉栽培造成重大损失。所以，平时对花圃地、园地做好搭棚、覆盖，或清沟理墒等工作，尽量减少对花卉的危害。

二、花卉需肥规律

花卉对肥料的需求主要是对营养元素的需求。花卉在整个生长发育过程中，需要从土壤等外界环境中获取多种矿物质营养元素。维持花卉正常生长发育所需要的营养元素主要有 10 种，其中构成有机成分的有四种，即碳、氧、氢、氮。其中氧和氢可以自水中大量获得，碳可以取自空气，氮素不是矿质元素，它在自然中存在的数量大多不能满足花卉生长的需要，因此必须通过施肥来大量补充。另外 6 种是构成花卉灰分的无机盐类，既硫、磷、钾、钙、镁、铁。这些元素天然存在于土壤和水中的数量，因各地土壤性质和水质的不同而不同。花卉对磷和钾的需要量很大，必须加以补充。除此之外，花卉还需要硼、锰、锌、铜、钼等 5 种微量元素，它们在花卉体内的含量虽然很少，仅占体重的 0.01%～0.001%，但是缺少它们就会生理失调，出现营养缺素症。近年来的试验研究表明，镭、钍、铀、铷等放射性元素，也是植物必须的微量元素，有促进生长的作用。

（一）主要营养元素对花卉的生长作用

1. 氮

促进花卉的生长，增进叶绿素的产生，使花朵增大，种子丰多。但是也能延迟开花，使茎叶徒长，减弱对病虫害的抵抗力。因此观叶花卉在整个生长期都要供给充足的氮肥，而观花花卉在营养生长阶段需要充足的氮肥，在生殖生长阶段如果氮肥过多会延迟花期。

2. 磷

磷能促进种子发芽，提早开花结实；促进根系的发育，加强对不良环境和病虫害的抵抗力。在幼苗生长期需要适量的磷肥，在生殖生长阶段对磷肥的需求量比较多。

3. 钾

钾能使花卉生长健壮，增进茎的坚韧性，不易倒伏；促进叶绿素的形成和光合作用进行；促进根系的扩大，对球根花卉的发育有极好的作用；还能使花色鲜艳，使抗寒、抗旱及抵抗病虫害的能力提高。但钾肥过量会使花卉植株生长低矮，节间缩短，叶子变黄、变褐而皱缩，或者在短时间内枯萎。

4. 钙

钙元素用于细胞壁、原生质体及蛋白质的形成，促进根的发育。钙可以直接被花卉吸收，使花卉组织坚固。

5. 硫

硫能促进根系的生长，并与叶绿素的形成有关。硫可以促进土壤微生物的活动，如豆科根瘤菌的增殖，增加土壤中氮的含量。

6. 铁

铁是形成叶绿素不可缺少的元素之一，在一般情况下，不会发生缺铁的现象，但在碱性土壤中由于铁被固定，土壤中虽然有铁但不能被吸收，因此仍然会发生缺铁现象。

7. 镁

镁是叶绿素组成部分，也是构成细胞壁的成分之一。它还是很多酶的活化剂，影响各种生命活动。

8. 硼

硼能改善氧的供应，促进根系的发育和豆科根瘤的形成。它的另一个功能是促进开花结果。

9. 锰

锰是许多酶的活化剂，对叶绿素的形成和糖类的积累转运有重要作用，对于种子发芽和幼苗的生长，以及结实作用均有良好的影响。

(二) 常见的花卉缺素症状

花卉正常生长发育需要大量元素和微量元素，如缺少某种元素就会引起生理障碍而表现出枝叶生长不良等缺素症状。这些症状也常常因为花卉的种类不同以及环境条件的不同而存在着一定的差异。

1. 缺氮

症状通常出现于全株，但先从老叶均匀黄化，而后延至心叶，叶片变狭，最后全株叶色黄绿、干枯但不脱落。

2. 缺磷

症状通常发生于全株或下部较老的叶子上，生长延缓，植株暗绿色，茎叶带紫红色，下部叶的叶脉间黄化而常带紫色，特别出现在叶柄上，叶子早落。种子的重量降低。

3. 缺钾

开始老叶出现黄、棕、紫等色斑，在叶尖及叶缘常出现枯死部分，叶尖焦枯向下卷曲，叶子由边缘向中心变黄，但叶脉仍为绿色。叶缘向上或向下卷曲并渐渐枯萎。最后下部叶和老叶脱落。花变小。

4. 缺镁

下部叶黄化。黄化出现于叶脉间，叶脉仍为绿色，叶缘向上或向下卷曲而形成皱缩，在晚期常在叶脉间突然出现枯斑。

5. 缺铁

从新叶开始发生黄白化，叶脉仍为绿色，一般不枯萎，严重时叶尖及叶缘干枯，有时向内扩展，形成较大面积，仅有大叶脉保持绿色。

6. 缺锰

病斑经常出现于新叶，且分布于全叶面，极细的叶脉仍保持绿色，形成细网状，花小而花色不良。

7. 缺硫

新叶淡绿色，叶脉颜色浅于叶脉相邻部分，有时发生病斑，老叶有时有干枯。

8. 缺钙

顶芽通常死亡，嫩叶的尖端和边缘腐败，幼叶的叶尖常形成钩状。根系在出现病症以前已经死亡。

9. 缺硼

嫩叶基部腐败，顶芽死亡，茎和叶柄很脆，根系生长部分最先死亡。

第二节　花卉的生长控制与肥水管理方法

花卉的肥水管理对于花卉的生长发育来讲是至关重要的。花谚上讲"死活在水，好坏在肥"，就充分概括了肥水管理在花卉生产管理中的重要作用。花卉种类不同，即使同种花卉不同的生育期，对肥水管理的要求也不一样。

一、浇　水

1. 露地花卉浇水

露地花卉浇水的时间根据季节不同，浇水的时间也不尽相同。一般在炎热的夏季，应在早晨和傍晚浇水比较好，因为此时的水温和土温的温差比较小，对根系的生长活动影响比较小。浇水量应根据花卉的不同种类和不同的生育期来决定。一般情况下，针叶、狭叶、毛叶类需水量较少；大叶、圆叶类需水量较大。幼苗期根系浅，生长量大，需水较多，花期以后生长量小，根系又多深入土层，需水量较少。一年中，春季和初夏气温逐渐升高，蒸发量大，浇水次数应适当增多。夏秋两季雨量增加，花卉的旺盛生长已经停止，大多数花卉都是花果累累，应减少浇水量，入冬以前应对花圃或园林中的露地花卉进行一次灌水。

2. 温室盆花浇水

温室盆花浇水在一般情况下应掌握"见干见湿"的原则，即不干不浇，浇要浇透。忌浇"拦腰水"或"半截水"。浇水的时间一般在清晨和傍晚比较好,可以防止因土温骤然下降而影响根系生长。盛夏无雨的天气蒸发很快,在午后 2 点到 4 点的时间应对花场的所有的盆花进行浇水。对容量较小的小盆花,盛夏季节应增加每天的浇水次数。浇灌盆花的水温应和气温接近,如果水温和气温相差悬殊,很容易伤及根系。另外,城市的自来水含有氯化钙等有害气体,北方的水质大多呈碱性。所以,浇水前应将水存放到水缸或水池内进行晾晒,使有害气体挥发,并使水温与气温接近。

二、施 肥

为了使花卉得到充足的营养元素,常用施基肥、追肥和根外追肥等方法,以满足花卉正常生长的需要。

1. 基肥

基肥一般在花卉栽植或者盆花上盆、翻盆换土的时间施用。用作基肥的肥料有厩肥、堆肥、饼肥、骨粉、草木灰及鸡、鸭禽粪干等。不管哪一种肥料作基肥,都必须事先充分腐熟。

饼肥是大豆、花生、芝麻、油菜籽、棉籽等含油种子榨油后剩下的残渣。饼肥中营养元素全面,能基本满足花卉对营养的需要。然而,无论是豆饼、花生饼、还是麻酱渣,均应在充分发酵腐熟以后再进行施用。否则,饼肥在发酵过程中产生的高温会伤及花卉的根和幼苗。发酵后的饼肥可以掺在营养土中作基肥,也可以在翻盆换土的过程中,作为底肥施入盆土的底部。

骨粉是一种迟效性磷肥,其含磷比较高。骨粉常与其他肥料混合施用,施在盆底做基肥用。

草木灰含有丰富的钾元素,并且含有钙、铁、镁、硼、磷等多种微量元素。草木灰是一种碱性肥料,对一些喜酸性土壤的花卉如杜鹃、茶花等不宜施用。

鸡、鸭等禽粪是一种肥效高、来源广的好花肥,富含氮、磷、钾和微量元素,并且有利于改良土壤状况。新鲜的鸡、鸭粪直接施入土中,易产生高热而烧坏根系,所以鸡鸭禽粪通常被晒成粪干后施用。施用时还要注意将干粪施在底部,不要让根系接触到。

2. 追肥

追肥用于补充花卉旺盛生长所造成的营养不足。所以追肥常常用易于溶解的速效性肥。常用作花卉追肥的肥料有两类,一类是速效化学肥料,如尿素、磷酸二氢钾、硫酸铵、过磷酸钙、磷酸氢二铵、硫酸钾、氯化钾等以及市场上销售的化学颗粒肥料。另一类是有机肥料沤制发酵而成的有机肥水，如常见的矾肥水、饼肥水等。

矾肥水的配制方法：黑矾（硫酸亚铁）0.5kg，饼肥1kg，鸡粪（猪粪）2kg，水40kg混合后，装入缸内，放在阳光下曝晒20d左右，当全部发酵，水溶液冒泡成为黑色液体时，即可施用。施用的时间、方法、用量及稀释浓度等，因花卉的种类和不同的生长发育期而不同。在正常情况下，对大多数花木来说，通常是每7～10d施用一次。矾肥水呈酸性，pH值为5.6～6.7，对于南方喜酸性土花卉非常适宜，尤其对于防治白兰花、栀子花、杜鹃等在北方易发生的黄化病非常有效。用矾肥水浇灌北方花木如腊梅、迎春、桃花等，可使其叶色光亮、油绿。

饼肥水的配制方法：将豆饼压碎，先加10倍水发酵腐熟，取其上部澄清液，再加5倍水稀释后使用效果则最好。

3. 根外追肥

有时为了使花卉植株能迅速获得某种营养元素，采用向枝、叶喷洒适宜浓度的肥液和营养液，让其枝、叶吸收从而快速获得营养元素，这称根外追肥。根外追肥通常经3～5d即见肥效，常用于救急或补充某种微量元素。用于根外追肥的肥料及使用浓度：0.2%的磷酸二氢钾液、0.5%的硫酸铵液、0.3%的尿素液、10%腐熟的人尿液、0.2%的硫酸亚铁液、0.2%的硼砂液、0.3%的硫酸锌液或0.3%的氯化钾液。根外追肥是土壤施肥以外的及时补给花卉营养元素的有效手段。

本 章 小 结

花卉的需水需肥规律是肥水管理的基础。植物的缺素症状是肥水管理的重要依据。

复习与思考

1. 盆花"拦腰水"的危害及防止方法？
2. 根外追肥应注意哪些技术关键？

第四章

花卉病虫害防治

> **学习目标**
>
> 熟悉花卉病虫害综合防治原理和花卉病虫害发生规律与特征,能进行主要花卉常见病虫害的诊断和进行相应的综合防治。

第一节 花卉病虫害发生规律与特征

一、花卉病害发生规律与特征

花卉在不同的生长发育阶段,常常遭受到有害生物的侵害和不良环境的影响,使得它们在生理上、组织上和外部形态上都发生一系列的病理变化,致使花卉的生长发育受到显著的阻碍,造成叶、花、果等器官变色、畸形和腐烂,甚至全株死亡,致使花卉的品质和产量下降,造成经济损失,也严重影响了观赏价值和园林景色。这种现象称为花卉病害。

引起花卉病害的原因称病原,受病原侵染的花卉称为寄主。花卉病害的种类很多,通常分为两类:受到真菌、细菌、病毒、类菌质体、线虫、藻类、螨类等有害生物的侵染而引起的病害,可以在花卉间传染,这类病害称为侵染性病害或传染性病害,也称寄生性病害。由于受不良环境的影响,如温度过高所引起的烧伤,低温引起的冻害,土壤水分不足引起的枯萎,排水不良、积水引起的根系腐烂,营养不足引起的缺素症,还有由于空气、土壤中的有害化学物质及农药使用不当等引起的病害,这些病害通常在花卉间不能相互传染称为非侵染性病害或非传染性病害,也称生理性病害。

1. 真菌病害

由真菌引起的病害。真菌是一类没有叶绿素的低等生物,个体的大小差别很大,大多数真菌要在显微镜下才可以看得清楚。真菌主要借助风、雨、昆虫或者花卉的种苗进行传播,通过花卉表皮的气孔、水孔、皮孔等自然孔口以及各种创伤引起的伤口,进入花卉的体内,引起病变。有的在生病的部位出现白色粉层,如月季、凤仙花白粉病;有的在生病的部位出现许多鲜黄色或锈色的粉堆、或毛状物、或泡状物,如玫瑰和海棠花的锈病;有的在叶面布满黑色煤烟状物,如扶桑、米兰的煤污病;还有的表现出斑点、腐烂、枯萎、畸形等症状,如芍药红斑病、花卉幼苗立枯病等。

2. 细菌病害

细菌比真菌的个体更小,是一类单细胞的低等生物,在显微镜下才可以观察到它们的形态。它们一般借助雨水、流水、昆虫、土壤、花卉的种苗和病植株的残体等传播。主要从花卉植株体表的气孔、水孔、皮孔、蜜腺等各种伤口,进入花卉的体内,引起危害。主要表现为斑点、溃疡、萎延、畸形等症状。常见的有仙客来细菌性软腐病、樱花细菌性根癌病等。

3. 病毒病害

病毒是一类极小的寄生物,它的体积比细菌更小,必须借助电子显微镜才能看到它的形态。它们主要是通过刺吸式口器昆虫,如蚜虫、粉虱等传播,也可通过土壤中的线虫、真菌、种子和花粉传播。嫁接、修剪、切花、锄草等操作时,病毒都可以借助无性繁殖材料、工人的手、园艺工具等进行传播。花卉病毒病主要表现为花叶、叶片皱缩、叶片变小,有的植株矮化,有的植株徒长。个别器官畸形常表现为枝条簇生、或者变成扁带形,有的根、茎或枝条局部组织膨大形成瘤肿,果实形成袋果等。常见的有郁金香病毒病、仙客来病毒病、一串红花叶病毒病及大丽花病毒病。

4. 线虫病害

线虫病害是线虫寄生引起的。线虫是一种低等动物,身体很小,需要在显微镜下面才能看清它的形态。生活在土壤中的线虫,有些寄生在花木的根部,使根系上长出小的瘤状结节,有的引起根系腐烂。常见的有仙客来、凤仙花、牡丹、月季等花木的根节线虫病。有的线虫寄生在花卉的叶片上,引起特有的三角形褐色枯斑,最后叶枯下垂,如菊花、珠兰的叶枯线虫病。

5. 生理病害

又称非侵染性病害。这类病害是由于不良环境因素、植株本身生理代谢受阻、某些营养元素的缺乏,以及栽培技术不当所造成的。温度过高常造成叶片、枝条烧伤和枯萎;温度过低,如早霜或晚霜,常使花卉的嫩叶、枝条、嫩梢、叶芽和花芽受到冻害;土壤水分过多造成通气不良,在缺氧条件下,植株根系呼吸困难,容易窒息死亡。同时积水土壤中积累了大量的有毒化学物质,直接毒害根系造成烂根,影响植株从土壤中吸收水分和养分;土壤干旱,水分不足,植株发生凋萎,严重时造成全株枯死;土壤缺铁,会造成花卉叶片黄化;氮肥过多会造成植株徒长而不开花。

二、花卉虫害发生规律与特征

危害花卉的害虫种类很多,由于口器类型不同,取食方式和危害特点也不尽相同。

1. 咀嚼式口器害虫

咀嚼式口器害虫危害花卉后,主要造成花卉组织机械损伤。取食花卉叶片的害虫,常造成叶片缺损,或吃去叶肉组织,仅留下网状叶脉,甚至将叶片全部吃光,如黄刺蛾、金龟子、天幕毛虫等;蛀食茎干、果实和种子的害虫,它们钻入茎干、果实和种子的内部,在其内部形成虫道,在其外部造成孔洞;或潜伏在叶片表皮间取食的害虫,在叶片内留下蛇形虫道,常使叶片枯萎、早落,如菊天牛、蔷薇茎蜂、潜叶蝇等,这类害虫通常是已经造成严重的危害时,才被人们发现,但是为时已晚。取食播种后的种子、幼苗、根茎、球茎、鳞茎、块茎等花卉地下组织的害虫,常造成缺苗、幼苗倒伏或整株死亡,如蛴螬、小地老虎、蝼蛄、种蝇等。

2. 刺吸式口器的害虫

刺吸式口器的害虫其取食方式是用口针刺进花卉的叶、花、嫩梢、茎干等组织内,刺吸其汁液,受害的花卉其外形看不出机械损伤,只在被害部位形成退色斑点，或引起组织畸形（叶片皱缩、卷叶、虫瘿等），削弱生长势。如常见的介壳虫、蚜虫、蓟马、粉虱等，这类害虫及螨类的虫体都很微小，很难被人发现或察觉。它们分布广、发生极为普遍，是露地花卉和温室花卉的主要害虫。

害虫不仅直接咬食、钻蛀、刺吸汁液危害花卉，有的还是花卉病毒病的传毒媒介，有的还能诱发煤污病。

第二节 主要花卉常见病虫害的诊断

一、花卉常见病害的诊断

1. 苗期病害

是播种或扦插繁殖幼苗时常见的病害。在出苗后的 10～30d 内发生最多，严重时发病率可达 70%～90%，危害很大。其主要表现为：烂种烂芽，种子萌发出土前就腐烂，往往造成地面缺苗；幼苗猝倒，幼苗茎干木质化以前，茎基部如水烫状、发褐并渐渐变细，常常突然倒伏，有时茎叶也萎蔫下垂，粘成一团；幼苗立枯，茎干木质化以后，幼苗水渍状变褐腐烂，插条萎蔫死亡；有时插条久久不能生根。

2. 根部病害

发生在地下，不容易发现。待地上部分出现叶黄、生长瘦弱时，往往已造成相当大的危害。根部病害的主要表现是，根部坏死、腐烂、畸形，以后在地上部出现叶黄萎蔫，生长衰弱等症状。其主要表现为：根系浅，根少而细，生长弱；根部变褐坏死；根部腐烂，外围根先发生，然后向内扩展或根茎部先出现腐烂，然后向外围根蔓延；球茎、鳞茎、根状茎等地下茎软腐或干腐；根部畸形、须根、小根生根结或根茎部生肿瘤。

3. 茎干病害

植株茎干基部、嫩梢、枝干受伤害，引起坏死、腐烂、萎蔫以及枝梢枯死，茎干溃疡、皮层腐烂。严重时全株死亡，损失很大。主要表现如下：局部坏死、溃疡、缢缩凹陷或开裂。有时出现流胶或形成层坏死；围管束变褐、枝叶或全株枯萎；小枝肿胀开裂。

4. 叶、花、果病害

主要在生长季节危害叶片、花和果实等植株的地上部分,是最常见、发生最普遍、危害最严重的病害。叶、花、果病害往往在局部出现症状,也可以引起全株性症状。其主要表现:褪绿黄化或花叶;局部斑点或成片枯死;腐烂、湿腐或干腐,多肉组织或含水分较多的组织容易发生;萎蔫、皱缩、肥肿、蜷曲或丛生;生长衰弱、生长受抑制或生长迟缓。

二、花卉常见虫害的诊断

1. 刺吸类害虫及螨类

刺吸类害虫可以分为两大类群,一个类群是昆虫纲中同翅目、缨翅目、半翅目的一些昆虫,如介壳虫、蚜虫、叶蝉、木虱、蓟马、椿象等;另一类昆虫是蜘蛛纲中蜱螨目、叶螨总科的各种红蜘蛛。刺吸类害虫及螨类大多数聚集在花卉的嫩梢、枝、叶、果等部位,成虫或若虫以针状口器插入花卉的组织中吸取汁液,造成枝叶枯萎,甚至整株枯死。同时由于刺吸类害虫的危害,还给某些蛀干类害虫的侵害创造了有利条件,并致使一些植物诱发煤污病。害虫本身也是一些病毒病的传播媒介。

2. 食叶害虫

食叶害虫的种类很多,主要有鳞翅目的刺蛾、袋蛾、舟蛾、毒蛾、天蛾、夜蛾、螟蛾、枯叶蛾、尺蛾、斑蛾、蝶蛾等。此外,还包括鞘翅目的叶甲、金龟子;膜翅目的叶蜂;直翅目的蝗虫等。它们的主要危害特点是,具有咀嚼式口器,往往以幼虫或成虫直接咬食花卉的叶肉、嫩梢、花朵,造成叶片的缺刻、卷叶、花朵的残裂等,从而使植株生长衰弱,为天牛等蛀干害虫的侵入提供适宜的条件。这类害虫的繁殖量很大,往往具有主动迁移、迅速扩大危害的能力,某些害虫的发生还具有周期性。

3. 蛀干害虫

蛀干害虫为钻蛀枝梢及树干的害虫,这类害虫主要有天牛类、小囊虫类、木囊蛾类、织叶蛾类及螟蛾类,它们多以幼虫或成虫钻入树干或枝梢的内部,形成孔道,使茎梢部分失水萎缩,蛀孔处有明显的虫粪和木屑;还有的成虫羽化后,飞向树冠,啃食细枝皮层,造成枯枝;卵多产于枝梢的分岔口或树干的皮缝处,产卵处树(枝)皮常开裂、隆起、表面湿润,受害干枝常有木屑排出。这类害虫危害后,直接影响主干和主梢的生长,严重的树干被蛀空，遇风很容易被折断。

4. 地下害虫

地下害虫常见的种类包括鳞翅目的地老虎，鞘翅目的蛴螬、金针虫，直翅目的蟋蟀、蝼蛄，双翅目的种蝇，等翅目的白蚁等。这类害虫主要以成虫、幼虫食害花卉幼苗的根部和靠近地面的幼茎，还有的取食种子、种芽和幼根。同时成虫、幼虫常在表土层活动，钻蛀坑道，使得播种苗的根系与土壤分离，根系失水、干枯死亡，清晨在苗圃床面上可见大量不规则隧道，虚土隆起。

症状对花卉病害的诊断很有意义，一般情况下，每一种花卉病害的症状都具有一定的特征。通常根据症状的特点，先区别是伤害还是病害，再区别是侵染性病害还是非侵染性病害。但是，病害的症状并不是固定不变的，同一种病原物在不同的寄主上，或在同一寄主不同的器官、不同的发育阶段，或处在不同的环境条件下，可能会出现不同的症状。因此，仅凭症状诊断病害，有时并不是完全可靠，就需要对发病现场进行系统地、认真地调查和观察，进一步分析发病原因或鉴定病原物。鉴定病原物比较可靠的方法通常还是采用显微镜观察病原物形态、确定病原。

第三节　花卉病虫害综合防治原理与方法

花卉病虫害防治，必须贯彻"预防为主，综合防治"的基本原则。预防为主，就是根据病虫害发生的规律，将病虫害在大量发生或造成危害之前，给以有效的控制。综合防治，就是充分利用自然界抑制病虫害的各种因素，根据病虫害发生的规律，采取各种措施，将病虫危害的损失减到最低水平。

一、植物检疫

植物检疫又称法规检疫。是一个国家或一个地区用法律、法规、法令的形式，禁止某些危险的病虫、杂草人为地传入或传出，或控制其传播和蔓延。分为对外检疫和对内检疫两部分。国家之间的检疫为对外检疫，对外检疫的目的在于防止国外的危险性病虫的输入，以及按交往国的要求控制国内发生的病虫向外传播。国内各省市之间的检疫是对内检疫。对内检疫的目的，是将国内局部地区发生的危险性病虫控制在封锁在一定范围内，防止扩散和蔓延。

植物检疫工作是由国家在海关、港口、机场或有关产地、口岸设立检疫机构，对运进运出的各种花卉及其产品进行现场检疫。

二、园艺栽培技术

园艺栽培技术防治包括：选用抗病虫的品种；合理的肥水管理；实行轮作和合理配植；培育无病虫害的壮苗；作好花圃、园林及庭院卫生等。

三、生物防治

利用有益生物产品或其他产品来防治花卉病虫害，如用哈茨木霉菌防止茉莉花白绢病；采用以虫治虫、以菌治虫、以病毒治虫、以鸟治虫等方法防治害虫，如保护蚜虫的天敌——瓢虫、食蚜蝇、草蛉等；用苏云杆菌类的细菌和白僵菌防治鳞翅目害虫的幼虫等。

四、物理防治

物理防治既包括简单易行的传统方法，也包括近代物理最新技术。简单的如清扫落叶、病枝、病株进行集中销毁，人工捕杀某些害虫的卵块、幼虫和假死的害虫。热处理是防治种苗病虫害和土壤传播病害的措施之一，如基质蒸汽消毒；利用黑光灯和高压电网灭虫器诱杀害虫，利用超声波和放射性同位素是近代物理科学技术在病虫害防治上的应用。

昆虫的生命活动与光的性质、光强度、光周期有关。昆虫辨别不同波长光的能力和人的视觉不同。人眼可见的波长是800～400nm，昆虫的视觉能感受700～250nm的光，但多偏于短波光，许多昆虫对400～300nm的紫外光有强趋向性。因此，在测报和灯光诱杀方面常常用黑光灯进行诱杀。

五、药剂防治

化学药剂防治是根据防治对象不同，可分为杀菌剂、杀虫剂、杀线虫剂、杀螨剂，除草剂。

1. 杀菌剂

起保护、治疗、铲除作用。常用的保护剂有低浓度的石硫合剂、波尔多液、代森锌、百菌清等。治疗剂是在花卉染病之后,将药剂渗入组织内以抑制侵入体内的病原菌的生长和扩展,常用的药剂有多菌灵、甲基托布津、粉锈宁等。铲除剂是用于直接杀死或抑制花卉病部位上病原物,铲除侵染来源,减少发病,如高浓度的石硫合剂、甲醛等。

2. 杀虫剂

其作用是当害虫接触、取食或吸入药剂后,被直接毒杀致死。致死作用有触杀、胃毒和熏蒸三个方面。有些新型的杀虫剂通过引起害虫生理上某种特异性变化,阻碍害虫的生长、发育和繁殖达到防治的目的。

药剂防治中应注意以下几点:

(1) 合理选择药物　根据防治对象、药剂性能和使用方法,选择有效的药剂类型对症下药,才能达到良好的防治效果。

(2) 掌握用药时机　在花卉生产和栽培中,注意观察和掌握病虫害的发生规律,找出及时用药的时机。如在播种前进行药剂拌种、浸种、土壤消毒等;在介壳虫的防治过程中,抓住若虫孵化阶段用药,可以收到事半功倍的效果。

(3) 交替用药　不同类型不同种类的药剂合理的交换使用,可以防止病原物和害虫产生抗药性。

(4) 安全用药　不同种类、不同品种或同一种类和品种但不同发育阶段的花卉,对药剂的敏感程度有较大的差别。用药的时候,要严格掌握各种药剂的使用浓度,控制用药量,不要随意增加浓度或用量,防止花卉产生药害。

(5) 防止药害　药剂喷布不匀或在高温条件下喷药均易产生药害,应予以避免

第四节　主要花卉常见病虫害的综合防治

一、香石竹枯萎病

1. 症状

枯萎病是香石竹发生普遍而严重的病害，在我国的南方各地均有发生。发病时植株下部叶片及枝条变色萎蔫，嫩枝生长扭曲、畸形和生长停止，严重时引起植株成片死亡。病原菌在植株残体或土壤中越冬，病株根和茎的腐烂处在潮湿环境中产生子实体，孢子借气流或雨水、灌溉水的溅泼传播；通过根和茎基部或插条的伤口侵入。繁殖材料和土壤是主要的传播源。

2. 防治方法

建立母本园，从健康的无病母株上采取插条；发现病株及时拔除并销毁，减少病菌在土壤中的积累；对被污染的土壤或盆土进行消毒处理，都是比较好的措施。

二、牡丹褐斑病

1. 症状

牡丹褐斑病是牡丹的常见叶部病害之一，在牡丹的栽培地都有发生。感病的叶片最初在叶面产生大小不一的圆形的褐色斑点，有同心轮纹。后期病斑上产生黑色霉状物，临近病斑相连成不规则形大斑。病原菌在枯枝、落叶等病残体上越冬，第二年分生孢子借风雨传播。

2. 防治方法

秋季和早春彻底清除病株、病叶残体，集中销毁。发现病株及时拔除。在发病初期，及时喷布65%代森锌500倍液；或用50%多菌灵可湿性粉剂400倍液浇灌。

三、月季白粉病

1. 症状

月季白粉病是世界病害，我国各地均有发生。生长季节感病的叶片出现白色的小粉斑，严重时白粉病斑相连成片，引起月季早落叶、花蕾畸形或完全不能开放，降低月季切花的产量和观赏性能。温室发病比露地严重。病原菌以菌丝体在芽中越冬，第二年病菌随芽的萌动开始活动，侵染月季的幼嫩部位，产生新的病菌孢子，借助风力传播。

2. 防治方法

改善通风透光条件，降低湿度，避免过多的氮肥，适当多施磷钾肥；结合修剪剪除病枝、病芽、病叶，减少侵染源；发病初期喷布15％粉锈宁可湿性粉剂1000倍液，50％苯来特可湿性粉剂1500～2000倍液；冬季将硫磺粉涂在温室的取暖设备上任其挥发，能有效的防治月季白粉病。

四、唐菖蒲枯萎病

1. 症状

唐菖蒲枯萎病是唐菖蒲栽培期间，尤其是贮藏期的重要病害。此病主要发生在田间，感病后植株幼嫩叶柄弯曲、皱缩、变黄、干枯、花梗弯曲、色泽较浓，最后黄化枯萎。球茎被侵染时，部分出现水渍状不规则圆形褐色病斑，病斑凹陷成环状萎缩，严重时整个球茎呈黑褐色干腐。当球茎严重感病时，幼苗纤弱，或很快死亡。球茎感病较轻时，可以长成正常植株，但以后叶尖发黄并逐渐往下死亡。病原菌在病球和土中越冬，借土壤和病球茎传播，病菌从根茎部侵入并扩展到整个植株。

2. 防治方法

改善栽培管理技术，实行2～3年轮作措施，少施氮肥，增施磷钾肥；选择无病的球茎做播种材料，发现病株应及时将病株以及病株周围的土壤一起除去；种植前将球茎在50％多菌灵500倍液侵种，再用50％福美双拌种后种植。

五、白粉虱

1. 症状

白粉虱又名温室粉虱、小白蛾。是危害花卉的主要害虫，危害花卉达16科200多种。白粉虱在南方常年危害，在北方温室内常年危害。一年发生9～10代，世代重叠。同一时期各种虫态都有。成虫一般不大活动，但在气温高、阳光充足的时候可在植株间乱飞，稍有惊动也可群飞，常常聚集在叶背，对黄、白色有趋向性。白粉虱一般都在上部叶背刺吸汁液，造成叶片变黄、萎蔫。

2. 防治方法

冬季北方温室内防治，用2.5%溴氰菊酯200倍液或10%扑虱灵乳油100～1500倍液或50%杀螟松100倍叶喷施，7～10d喷一次，连续3～4次；利用其对黄色的趋性，在植株行间插挂黄色诱虫板，适当摇动植株使其惊飞，增加粘杀作用；利用丽蚜小蜂控制白粉虱的基数。

六、红蜘蛛

1. 症状

红蜘蛛是世界害虫，在我国各地都有发生。危害月季、芙蓉、蜀葵、一串红等多种花卉。每年可发生12～20代。在北方主要以雄螨在土块缝隙、树皮裂缝及枯枝（叶）等处越冬；在南方以成、若螨、卵在寄主植物及杂草上越冬。第2年雄螨出蛰活动，并取食产卵，卵多产于叶背叶脉两侧。被害叶片初期呈现黄色小斑点，以后逐渐扩展到全叶，造成叶片卷曲，枯黄脱落。

2. 防治方法

加强田间管理，清除杂草，增强通风透光；及时摘除带有黄色小斑点的受害叶片；危害期喷布5%尼索朗乳剂3000倍液，或50%溴螨酯乳剂2500倍液。由于螨类很容易产生抗药性，所以要注意杀螨剂的交替使用。

花卉病虫害的综合防治，要强调各种防治措施的协调运用，每种防治措施都有它的优点，也有它的局限性。因此花卉病虫害的综合防治，要根据各地区、各生产单位、各不同的生产环境等的具体条件，采取适合自己的有效方法，互相协调，达到控制花卉病虫害，和保护花卉苗木观赏价值的目的。

本章小结

花卉主要病虫害发生发展规律是开展防治工作的依据。综合防治是病虫害防治工作的方向。

复习与思考

1. 植物检疫对于防治花卉病虫害有何意义？
2. 花卉病虫害综合防治有哪些常见的措施？

第五篇

花卉应用与绿化施工

第一章

大型花坛布置

> ☞ **学习目标**
> 了解花坛设计的原理,掌握花坛植物的配置原则。掌握大型花坛施工规程及技术要点。

第一节 一般花坛设计

在进行花坛的具体设计时,首先要明确在某一地点位置设置花坛的主要意图。同时应该研究设置位置环境的具体要求,分析常年养护力量的强弱,确定花坛质量标准的高低。重要的路口,游人较多的地点应设置种植养护质量要求较高的花坛,做到常年有花可赏。花坛的形体,境界及花卉的种植设计也应从环境条件的实际出发,做到因地制宜,美观大方,并充分考虑设置地点的土壤、水源、光照、地势等立地条件。

一、花坛类型的选择和形体设计

确定花坛的类型、轮廓和比例时要考虑视角、视距、在透视上的构图要求。花坛平面几何形体的选择,更要注意环境条件而力求适宜。

立体花坛设计时,必须权衡其高度、大小比例、形体、主题等是否与周围环境及空间位置相协调,同时要考虑其结构与施工条件的可行性。可先绘制草图，经反复推敲，再确定体量，定出主要尺寸，并以一定比例、根据需要绘出平、立面图，必要时辅以俯视图或断面图，再用雕塑泥或木料按比例做成立体模型，染上色彩，然后再绘制详细结构施工图（见图3-5-1）。

立体花坛的设计还涉及到选材问题，其结构部分通常应用一般建筑材料，如钢材、木材、竹子、砂子、石灰、水泥等。植物材料常以栽植低矮致密的草本植物为主，尤以五色草应用最为广泛，它生长繁殖快、耐修剪、色彩丰富，其缺点是不能耐寒越冬，因此冬季可换早熟禾、四季青等耐寒草皮。在比较温暖的地区，也可栽植低矮的草本花卉，如雏菊、三色堇等（见图3-5-2）。

南京玄武湖梁洲钟表立体花坛设计

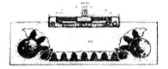

1．小叶黄　4．龙吐珠　7．天门冬
2．小叶红　5．仙人荷花　8．黄杨球
3．大叶紫　6．肾蕨　9．草坪

图 3-5-1　盆景花坛立面图和平面图

图 3-5-2　北京紫竹公园花篮造型的立体花坛

二、立体花坛的结构设计

需填土植草或形体较大，较特殊的立体花坛，因负荷较大，使用的架材通常以型钢为主，外形框架以直径为10mm的圆钢弯成，施工图纸要求绘出结构体的平、立、剖面图及各种特殊形体构件的剖视图、节点大样图，标出尺寸、材料型号、焊接方法及特殊的工艺要求，可聘请从事建筑的专业人员来完成。

三、花坛的种植设计

平面纹样设计，花坛的图案纹样宜简洁大方，要求在植物配植以后色彩分明，一般适合3～5种花卉的配植。同时要根据植株的高矮依次配置，高的栽在后面或在中心位置，矮的栽在前面或周边位置。花卉要分主次，主要花卉的栽植面积要大一些，主要花卉与陪衬花卉的比例和色彩配置要互相协调，同时要与植物品种的生物学特性相适应（见图3-5-3）。

竖向设计，根据花坛的形体和设计要求，较大型的花坛，如广场中心的花坛中心部分必须用土方填高，填土高度应按照花坛本身面积的大小及大多数观赏者的视点距离和高度来决定的。

配花设计，在花卉种类选择方面既要按照图案选定合适的高低层次，又要开花整齐，色彩鲜艳。花色配置时要考虑设置环境对色调的选择，如设置在安静休息区内的花坛适宜采用质感轻柔，略带冷色的

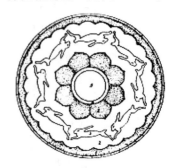

1.洋红五色草 2.小叶红
3.香雪球   4.大叶紫
5.石楠

图3-5-3 南京玄武湖公园秋季花坛模纹纹样设计平面

花卉，如桔梗、鸢尾、玉簪、紫萼、藿香蓟一类呈淡兰、淡紫和白色的花卉。而节日中的广场布置，需要选用热烈欢乐气氛的暖色花卉，如一串红、百日草、鸡冠花等色彩浓艳的花卉，也可采用孔雀草、万寿菊等对比强烈的花卉加以渲染。利用不同质感的花卉来配置图案，能取得清晰醒目的效果。例如采用分色的美女樱、半支莲来组织图案时，采用五色草栽成的线条来作纹样边缘，可以使图案清晰得多。

自然类型的花坛配花一般可按照低、中、高花带进行配花，花丛、花群的配植宜为高矮参差。有疏有密，其花期容许此开彼伏，陆续开放，并注意形体及色彩的节奏感和花期的延续性。为使花坛常年开花不断，配花时必须注意花期的衔接，根据事先设计的图案计算各种花卉的用量和时间，作出全年的换花次数及用苗计划，下达花圃生产或委托生产单位育苗，保证花苗的落实。

四、花坛的境界设计

1. 竹片式

用竹子劈成一定长度和宽度的竹片,两头削尖,以易于插在土壤之中。根据花坛形体插于外围形成境界。

2. 立牙式

用混凝土浇制或用砖砌筑后贴上面砖,也可用花岗石等按路牙形式围开花坛周边而成。

3. 矮栏杆

用钢材、铸铁或竹子制成各种花式的栏杆围在花坛周边。

4. 台座式

用混凝土或砖块、石块砌筑,台座的高度、形式、大小必须与建筑物和周围的环境相称,台座中心放置培养土,用以栽植花卉植物。

5. 假山石境界

在花坛周围用假山石自然砌筑,中心加土,配植花卉,形成种植台或自然花坛的境界。

第二节 大型花坛施工

花坛设计完毕以后,应根据每个花坛的面积、换花次数和时间等要求编写出花坛的用苗计划进行育苗。

一、一般平面花坛的施工步骤:

1. 整地、施基肥

先挖除前期已衰败的花卉,深翻和疏松土壤,施足腐熟的有机肥,再细致整平土壤,并根据土方设计要求作出土模。在土质较差或含建筑垃圾的辟花坛,应更换土壤,以选用疏松肥沃的壤土为佳。

2. 放样

根据设计图案纹样,用尺或绳放大样。模纹花坛的连续图案可按图案的单元用竹子、铅丝制成模板,再将花坛分隔成若干单元,按模板纹样逐个放出灰线。

3. 起挖花苗

栽植前可根据用苗计划到花苗地起挖花苗或购苗。小苗勿伤根，大苗带土球，盆花带盆运送到施工现场后再脱盆。在运送过程中要用篷布或其他物品遮盖。花苗随挖栽，不能及时栽完的花苗也要注意保护，放置屋内或树荫下。

4. 栽植

一般按由内向外，由上向下的顺序进行。栽植距离应根据各种花卉的生长规律确定，以盛花期时的花径为依据。模纹花坛可先栽植边缘部分，然后填心。大面积栽植时，可用较长的跳板搁置在花坛上，操作者可蹲在木板上栽植。

5. 清场浇水

栽完后，应进行清场，并浇足透水。浇时不能用皮管直冲，应安装喷雾装置均匀浇灌，直至土壤中水分饱和，以后可根据天气酌情浇水。

二、立体花坛的施工

造型工艺复杂的可先做模，然后根据图纸比例及模型按一定比例放大样。若为钢材结构，按图纸上标明的型号材料下料、烧焊，焊接要严密不能有砂眼。大型花坛可分部烧焊，然后到现场拼装。事先浇注好砼基础，设有预埋件。在制作立体花坛时，一定要计算好花坛的总重量及地面的荷载，处理好与基础的联结（见图3-5-4）。

模纹花坛的放样应严格按图进行，线条要清晰，基床要精细，符合排水要求，种植时应先内后外，依次种植。

本 章 小 结

花坛设计中外形轮廓、花坛高度、边缘处理、内部放样，色彩设计及植物选配是主要考虑的内容，并应遵循空间与花坛体量、高度的关系。施工时要严格按图施工，最终反映设计思想和主题。

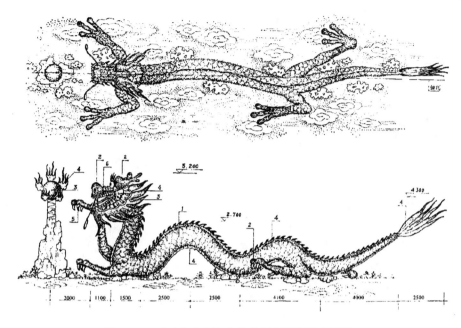

图 3-5-4 "双龙戏珠"立体花坛平面图及立面图

复习与思考

1. 如何进行花坛和种植设计?
2. 怎样进行花坛的境界设计?
3. 如何进行一般平面花坛的施工?

第二章

绿化施工

> **学习目标**
> 掌握园林绿地的植物配置知识,能设计并主持小、中型绿地的植物配置。

第一节 园林绿地植物配置原则

一、园林绿地植物配置原则

园林绿化观赏效果和艺术水平的高低,在很大程度上取决于园林植物的选择和配置。植物配置是人化的自然,它既是一门科学,又是一门艺术。完美的植物配置,既要考虑其生态习性,又要熟悉它的观赏性能;既要了解植物自身的质地、美感、色泽及绿化效果,又要注意植物种类的组合群体美与四周环境协调,以及具体地理环境及条件,才能创造出优美、长效和稳定的景观。因此,在进行植物配置时,常遵循以下原则:

(一)用生态学的观点来指导植物的配置,营造植物景观

园林植物配置的生态观,不仅指植物与植物、植物与环境(包括生物与非生物)的关系要协调稳定,更要协调植物与人的关系,使人在植物构成的空间中能够感受生态、享受生态并且理解和尊重生态。

首先要尊重自然，尊重植物自身生态习性和生长规律，符合当地自然环境条件特征来进行植物配置。坚持生物多样性的原则，挖掘植物特色，丰富植物种类，构建丰富的复层植物群落结构，努力实现生物多样性，增大绿量，增强生态效益。桃叶珊瑚的耐阴性较强，喜温暖湿润气候和肥沃湿润土壤，与香樟的生长环境条件相一致，是香樟树下配置的良好绿化树种，如果配置在郁闭度较低的棕榈树下就生长不良。

为人类创造生态保健型植物群落。绿色植物不仅可以缓解人们心理和生理上的压力，而且植物释放的负离子及抗生素，还能提高对疾病的免疫力。如银杏丛林体疗植物群落，银杏的果叶都有良好的药用价值和挥发油成分，长期在银杏树种锻炼，其阵阵清香，有益心敛肺，化湿止泻作用；再如在居住区的小型活动场所周围构建芳香型植物群落，能为居民提供一个健康而又美观的自然环境。群落中上层可选香樟、白玉兰、广玉兰、桂花、丁香、腊梅、柑橘、月桂等，下层配置小型灌木如含笑、栀子、瑞香、月季、山茶等，酢浆草、薄荷、迷迭香、月见草、香叶天竺、活血丹等可以配在最下层或林缘。这就要求设计师应在充分了解植物生理、生态习性的基础上，熟悉各种植物的保健功效，将乔、灌、草等植物科学搭配，构建一个和谐、有序、稳定的立体植物群落。

(二) 坚持适地适树，乡土树种优先的原则

研究植物生态条件，结合地区特点，合理选择植物，是植物景观成功与否的关键，也是形成园林地方特色，造成不同意境的必要因素。乡土树种适应了当地的气候和土壤条件，能够生长健壮，达到预期景观效果。而有的植物，由于生态条件不对路，"一年青，二年黄，三年见阎王"，逐步衰败死亡。这中间有管理原因，但多数是生态条件及生理因素造成。

(三) 植物配置既考虑形式上艺术性，又要兼顾经济上的合理性

园林植物种类千变万化，配置形式不拘一格，造景手法多种多样。合理的搭配，有机的组合，才能构成多样化的园林观赏空间，造成不同的景观效果。植物配置时，根据绿地的性能和类型，既要注重统一性，也要考虑一定的变化和节奏与韵律。使人们欣赏风景时，视觉舒适移动，步移景异，增加趣味性。布局上要尽量有疏密之分，体量上有大小之别，竖向上有高低之差。在层次上既有上下的考虑，又有左右的配合。

近年来，国家和园林绿化相关职能部门对绿化建设十分重视，投资力

度逐年加大，然而，有些地方缺乏科学规划，急于求成，盲目建设，特别是"大树进城"现象和行为，破坏了原有生态，成活率较低。科学植物配置，充分提高植物生长的土地利用率，不容忽视经济上的合理性。

（四）利用植物的季节特征，合理布置，创造植物季相景观

园林工作者不仅仅要会欣赏植物的季相变化，更为关键的是要能创造丰富的季相景观群落。首先要认识到季相的主体是植物，应对植物有明晰的了解。在不同的气候条件下，局部或整体反应明显都可称作季相植物，如春季发叶早的杨柳，开花早的梅花，春季叶色变化显著的臭椿等；或者植物本身具有丰富的文化内涵，如牡丹、荷花、菊花、兰花等；秋季落叶早的梧桐，或落叶非常晚，叶色变化极为明显的槭树科、大戟科的植物等。其次是对植物在不同地域的物位习性及生态特点有充分的认识。最后，按照点景的原理合理配置，充分利用植物的形体、色泽、原地等外部特征，发挥其干径、叶色、花色等在各时期的最佳观赏效果，尽可能做到一年四季有景可赏，而且充分体现季节的特色，营造变化着的七彩空间，让人们充分享受生命的美好和意义。

（五）植物配置要传承文脉，体现一定的文化特征

杭州城中的三秋桂子，十里荷花，苏州光福的香雪海，北京香山的红叶，著名的植物景观现象和城市的历史文脉紧紧相连。上海白玉兰象征开路先锋，奋发向上；广州木棉享誉英雄树之美名，象征蓬勃向上的事业和生机；还有杭州桂花、扬州的琼花、昆明的山茶，这些市花市树悠久栽培历史，深刻文化内涵，利用市花市树的象征意义与其他植物或小品，构筑物相及益彰地配置，可以赋予浓郁的文化气息，起到一定的教育作用和精神文化需求。乡土植物文化和地域风情，如椰子树是典型南园风光的代表，北方杨树，更是体现默默的无畏精神。

古人利用植物营造意境的文化成就，成为中国园林艺术的精品，诗情画意，声色俱佳。拙政园，雪香云蔚亭前，树木葱郁，浓荫蔽日，山林野趣，文征明亭前撰到："蝉噪村愈静，鸟鸣山更幽。"极其有力地渲染烘托出这一意境。

再如留园的闻木樨香，承德避暑山庄的香远溢清、冷香亭等景观，在现代园林的植物配置中，也值得延续和继承，是外感形象与内在精神文化素质的统一，是精神内涵不可或缺的重要部分。

（六）以缓生树种为主，兼顾速生树种，充分考虑绿化的效果及速度

速生树种早期绿化效果好，容易成荫。但寿命较短，往往在20～30年后已衰老，缓生树种早期生长较慢，绿化效果较慢，但寿命长，景观相对稳定，因此必须同时注意速生树种与缓生树种的相衔接问题。根据具体绿地需求，有计划分期分批地逐步过渡。

二、园林绿地植物配置的几个误区

(1) 注重观赏效果，忽视生态效应；
(2) 注重眼前效果，忽视长远景观；
(3) 注重大树效果，忽视植物的生态习性；
(4) 植物配置树种单调，造成植物群落不稳定。

第二节 中、小型绿地植物配置技术

一、中、小型绿地植物配植基本形式

（一）孤植

园林中为突出树木的个体美，在恰当位置上，单独栽植观赏时，称为孤植。孤植树个体美常表现为：体形巨大，姿态优美，花繁叶茂，硕果累累，色彩鲜明，具有浓郁的芳香和枝干，长叶具有特殊观赏价值。如：香樟、榉树、雪松、罗汉松、广玉兰、白玉兰、樱花、碧桃、紫薇、合欢、石榴、桂花、含笑、腊梅、白皮松、七叶树、木瓜、榔榆等。

孤植树常出现在绿地构图中心，作为观赏的主景；或与园林建筑相配置，作为背景和侧景；有时也可作为园林中从一个空间转换到另一个空间的过渡景。孤植树栽植的位置要求比较开阔，而且要有比较适合观赏的视距和观赏点。尽可能与天空、水面、草坪、树林等色彩单纯而又有一定对比变化的背景加以衬托，以突出其在树体、姿态、色彩等方面的特色，并丰富风景无际线的变化。一般在园林中的空地、岛、丰岛、岸边、桥头、转弯处、山坡的突出部位、休息广场、林中空地等处都可考虑配置孤植树。

（二）对植

园林中，两株树或两丛树，按照一定的轴线关系左右对称，或均衡的配置方法称为配置。其中对称配置时，轴线两边的树木选用同品种和规格，形体和大小相近；均衡配置时，选用2株或2丛不同的树木或树丛，在形体和大小上均有差异，以主体景物的中轴线为支点取得动势集中和对称均衡。体量大的距轴线近，体量小的距轴线远。

对植树主要用于公园、建筑前、道路和广场的出入口等处，起遮荫和装饰美化的作用。在构图上形成配景或夹景，起陪衬和烘托主景的作用。另外，对植树木在体形大小、高矮、姿态和色彩等主面应与主景和环境协调一致。

（三）丛植

园林中，将20株左右齐灌木成丛种植在一起，称为丛植。通常乔木数量占到2~10株。树丛的组合，主要考虑群体美，彼此之间既有统一，又有变化，分别主次配置，地位相互衬托。

作为主景观赏的树丛，常布置在公园入口或主要道路的交叉口，弯道的凹凸部分，草坪上或草坪周围，水边，斜坡及岗边缘等处，以形成美丽的立面景观和水景画面。在人视线集中的地方，也可利用具有特殊观赏效果的树丛作为局部构图的全景。作为庇荫的树丛，宜用品种相同，树冠开展的高大乔木，一般不同灌木相配，树下段常作大型建筑背景和配景。增加景深和层次时，还可作为障景。宜超出四周的草坪或园路，这样既有利于排水，又在构图上可以显得更为突出。

1. 三株

三株树组成的树丛，树种不宜超过两种，最好同为乔木或同为灌木，大小和姿态要有对比和差异，但不宜过度悬殊和强烈。配置时宜采用不等边三角形形式，但要注意体量上的均衡，最大的和最小的要靠近些。

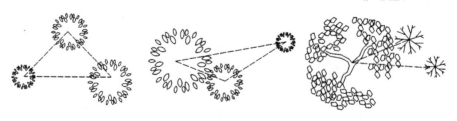

图 3-5-5　三株配置

2. 四株

四株树组成的树丛，树种也不宜超过两种。如是同一树种，株形和姿态有所不同，如是两种树种，最好选择外形相似，相差不大，否则难以协调。配置时，外形采用不等边四边形，成3:1组合，最大的1株，在三角形一组内，4株中，任何3株连线忌成规则形状。

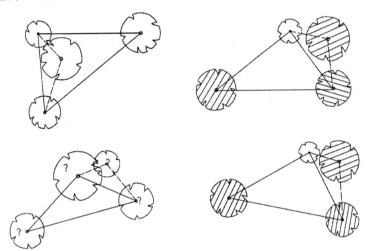

图 3-5-6　四株配置

3. 五株

五株树组成的树丛，树种不宜超过3种。遵循3株和4株基本原理，配置时外形采用不等边三角形、四边形或五边形，成3:2或4:1组合。在3:2配置中，要注意最大的1株必须在3株的一组中，在4:1配置中，要注意单独的一组不能最大也不能最小。两组的距离不能太远。

4. 六株以上

六株以上树组成的树丛，一般由2株、3株、4株、5株等基本形式交相搭配而成的。例如，2株与4株，则成6株的组合；5株与2株，则成7株的组合，以此类推，可形成6株以上不同数量的树丛。

（四）群植

用数量较多的乔灌木，加上地被植配置在一起，形成一个整体，称为群植。树群的乔灌木一般在20株以上。树群区别于树丛，在于，树群表现的是整个植物体的群体美，观赏的层次，外缘和林冠等。树群是园林中植物造景的骨干，用以组织空间层次，划分区域；根据需要，也可以一定的

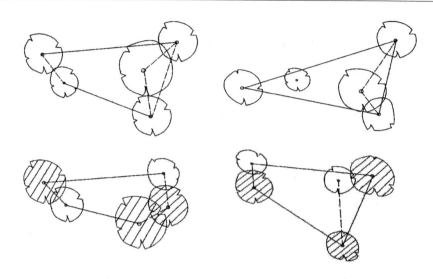

图 3-5-7　五株配置图

方式组成主景或配景，起隔离、屏障等作用。

树群因树种不同分单纯树群和混交树群。混交树群是园林中树群的主要形式，所用的树种较多，能够使林缘、林冠形成不同层次。混交树群一般可分为 4 层，最高层是乔木层，是林冠线的主体，要求有起伏的变化；乔木层下面是亚乔木层，这一层要求叶形、叶色都有要有一定的观赏效果，与乔木层在颜色上形成对比；亚乔木层下面是灌木层，这一层要布置在接近人们的向阳处，以花灌木为主，最下一层是草本和地被植物。

另外，树群内的植物栽植距离要有疏密变化。一般可分为密林和疏林两种，密林的郁闭度可达 70%～95%，疏林的郁密度则在 40%～60% 左右。当树群面积、株数都足够大时，它既构森林景观又发挥特别的防护功能。

（五）列植

园林中，树木按一定的直线或曲线成排成行的栽植，称为列植。列植可以是单行，又可以是多行，其株行距的大小决定于树冠的成年冠径。列植的树种，其树冠形态要求比较整齐，配置时要处理好和道路、建筑物、地下和地上多种管线的关系。列植范围加大后，可形成林带。列植在园林绿地中用途很广，可作为遮荫，分割空间，屏障视线，防风阻隔噪音等用途。

二、园林植物配置的技术

园林植物配置既要丰富多彩,又要防止杂乱无章。

1. 先面后点

为满足游人视觉审美的要求,园林不同景区的配置主景路异,形成多样统一的整体,为此必须大处着眼,先进行比例确定设计,后进行具体设计,体现总体意图。

2. 先主后突

从城市绿地一个景区至一个景点的规划设计,都要作到主次分明。首先确定植物的主题和主要观赏景区、景点,然后再布置次要景区、景点。先确定主要树种后选择次要树种。

3. 先高后低

一般一个园林,或一片风景林,一个林群树内,多以乔木为骨干,配置时应先乔木后灌木,再整草、地被。要先定好乔木的树种、数量和位置,再由高到低分层次处理灌木和花草,这样才能形成理想的主体轮廓线。

4. 园林结合

植物配置时,不但要考虑所配置的植物之间的对比协调,同时还必须做到:内与原有树木,特别是一些各种树的相结合,外与相邻空间或远处的树木相结合,取得空间构图的协调统一。

本章小结

掌握园林绿地植物配置的原则,用生态学的观点来指导植物的配置;坚持适地适树,乡土树种优先的原则;在进行植物配置时既要考虑形式上的艺术性,又要兼顾经济上的全合理性;利用植物的季节特征,合理布置,创造植物季相景观;植物配置要承传文脉,体现一定的文化特征;植物配置时,以缓生树种为主,兼顾速生树种,充分考虑绿化的效果及速度。园林植物配置既要丰富多彩,又要防止杂乱无章,根据不同绿地性质,采取不同的植物配置形式,创造出优美的景观效果。

复习与思考

1. 园林绿地植物配置的原则有哪些?
2. 现实中,绿化植物配置存在哪些误区?
3. 画出6株和7株树的不同配置形式?
4. 如何进行园林绿地植物配置?

主要参考文献

1. 北京市农业学校. 植物及植物生理学. 北京：中国农业出版社，1993
2. 陈忠焕. 土壤肥料学. 南京：东南大学出版社，1992
3. 郭维明，毛龙生. 观赏园艺概论. 北京：中国农业出版社，2001
4. 何清正. 花卉生产新技术. 广东：广东科技出版社，1991
5. 江苏省苏州农业学校. 观赏植物栽培养护. 北京：中国农业出版社，2000
6. 江苏省苏州农业学校. 观赏植物病虫害及其防治. 北京：中国农业出版社，1991
7. 成海钟，蔡曾煜. 切花栽培手册. 北京：中国农业出版社，2000
8. 成海钟. 园林植物栽培养护. 北京：高等教育出版社，2002
9. 陈国元. 园艺设施. 北京：高等教育出版社，1999
10. 鲁涤非. 花卉学. 北京：中国农业出版社，1998
11. 吴志华. 花卉生产技术. 北京：中国林业出版社，2003
12. 胡长龙. 园林规划设计. 北京：中国农业出版社，1995
13. 吴涤新. 花卉应用与设计. 北京：中国农业出版社，1996
14. 田如男，祝遵凌. 园林树木栽培学. 南京：东南大学出版社，2001
15. 石宝琼. 园林树木栽培学. 北京：中国建筑工业出版社，1999

图 3-2-1 毛地黄

图 3-2-2 风铃草

图 3-2-3 波斯菊

图 3-2-4 矢车菊

图 3-2-5 蛇目菊

图 3-2-6 花菱草

图 3-2-7 勿忘我

图 3-2-8 香雪球

图 3-2-9 多叶羽扇豆

图 3-2-10 香豌豆

图 3-2-11 古代稀

图 3-2-12 红叶甜菜

图 3-2-13 五色苋

图 3-2-14 雁来红

图 3-2-15 红花

图 3-2-17 令箭荷花

图 3-2-16 仙人指

图 3-2-18 昙花

图 3-2-19 荷包牡丹

图 3-2-20 向日葵

图 3-2-21 火炬

图 3-2-22 松果菊

图 3-2-23 晚香玉

图 3-2-24 红掌

图 3-2-25 海芋

图 3-2-26 吊竹梅　　　　　图 3-2-27 旱伞草　　　　　图 3-2-28 艳凤梨

图 3-2-29 水塔凤梨　　　　图 3-2-30 姬凤梨　　　　　图 3-2-31 萼凤梨

图 3-2-31a 萼凤梨　　　　　　　　　图 3-2-32 金苞花

图 3-2-33 芦荟

图 3-2-34 鹤望兰

图 3-2-36 艳山姜

图 3-2-35 钓钟柳

图 3-2-37 白三叶

图 3-2-38 文殊兰

图 3-2-39 文竹

图 3-2-40 燕子掌

图 3-2-41 玉树

图 3-2-42 虎耳草

图 3-2-43 垂盆草

图 3-2-44 猪笼草

图 3-2-45 假叶树

图 3-2-46 卷柏

图 3-2-47 鹿角蕨

图 3-2-48 翠云草

图 3-2-49 凤尾蕨

图 3-2-50 合果芋

图 3-2-51 仙人掌

图 3-2-52 金琥

图 3-2-53 泽兰

图 3-2-54 耧斗菜

图 3-2-56 百脉根

图 3-2-55 蛇莓

图 3-2-57 冷水花

图 3-2-58 中国水仙

图 3-2-59 雪钟花

图 3-2-60 铃兰

图 3-2-62 何氏凤仙

图 3-2-61 新几内亚凤仙

图 3-2-63 小苍兰

图 3-2-64 莲花掌

图 3-2-64a 莲花掌

图 3-2-65 富贵竹

图 3-2-66 喇叭水仙

图 3-2-67 四季秋海棠

图 3-2-68 枫叶秋海棠

图 3-2-69 蟆叶秋海棠

图 3-2-70 银星秋海棠

图 3-2-71 球根秋海棠

图 3-2-72 网球花

图 3-2-73 射干

图 3-2-74 石莲花

图 3-2-75 商陆

图 3-2-76 叶子花

图 3-2-77 牡丹

图 3-2-78 天竺葵

图 3-2-79 吊钟海棠(倒挂金钟)

图 3-2-80 沙漠玫瑰

图 3-2-81 珧珧

图 3-2-82 佛手

图 3-2-83 南洋杉

图 3-2-84 含笑

图 3-2-85 梅花

图 3-2-86 桃花

图 3-2-87 紫薇

图 3-2-88 锦鸡儿

图 3-2-89 紫藤

图 3-2-90 小叶榕

图 3-2-91 柽柳

图 3-2-92 红背桂

图 3-2-93 米兰

图 3-2-94 桂花

图 3-2-95 栀子花

图 3-2-96 凌霄

图 3-2-97 五色梅

图 3-2-98 黄菖蒲

图 3-2-99 花叶水葱